高等教育"十三五"规划教材

化工原理实验

（第二版）

主　编　刘和秀

副主编　黄念东　胡忠于

中国矿业大学出版社

·徐州·

内 容 提 要

本书为化工原理实验教材,内容包括:绪论、实验数据处理、实验数据的误差分析、化工原理计算机仿真实验、化工原理实验及演示实验(流体机械能守恒与转化实验、流线演示实验、雷诺实验、流体流动阻力的测定实验、离心泵特性曲线的测定实验、非均相物系分离实验、恒压过滤参数的测定实验、传热膜系数测定实验、总传热系数的测定实验、板式精馏塔的操作与效率的测定实验、填料精馏传质实验、吸收与填料塔吸收水力学实验、振动筛板萃取实验、空气循环干燥实验)。该书可作为化学工程与工艺、化学、应用化学、制药工程、环境工程、生物化工、材料化学等专业的实验教材,亦可作为相关专业工程技术人员的技术参考书。

图书在版编目(C I P)数据

化工原理实验/刘和秀主编.—2版.—徐州:中国矿业
大学出版社,2018.8(2023.12重印)

ISBN 978 - 7 - 5646 - 4037 - 8

Ⅰ.①化… Ⅱ.①刘… Ⅲ.①化工原理—实验 Ⅳ.
①TQ02—33

中国版本图书馆 CIP 数据核字(2018)第 155096 号

书　　名	化工原理实验
主　　编	刘和秀
责任编辑	周　红
出版发行	中国矿业大学出版社有限责任公司
	(江苏省徐州市解放南路　邮编 221008)
营销热线	(0516)83885370　83884103
出版服务	(0516)83995789　83884920
网　　址	http://www.cumtp.com　E-mail:cumtpvip@cumtp.com
印　　刷	苏州市古得堡数码印刷有限公司
开　　本	787 mm×1092 mm　1/16　印张 9.25　字数 231 千字
版次印次	2018 年 8 月第 2 版　2023 年 12 月第 3 次印刷
定　　价	26.00 元

(图书出现印装质量问题,本社负责调换)

前　言

　　化工原理是研究化工生产过程中各种单元操作的工程学科,是从理论到实践的桥梁。它利用自然科学的原理来考察、研究化工单元操作中的实际问题,研究强化过程的方法,寻找开发新技术的途径。化工原理课程要求理论联系实际,其发展离不开实验研究与数学模型分析。化工原理实验的任务是通过对化工原理常用实验技术方法和主要实验仪器设备的实验操作训练,使学生进一步理解和掌握化工原理的基本概念、基础知识、基本理论和方法,掌握化工原理主要实验仪器设备的调试和使用方法,掌握化工原理常用实验技术方法的基本原理和操作技术,掌握实验数据获取与处理、实验结果分析与讨论、实验报告编写的方法和手段,使学生在思维方法和创新能力方面都得到培养和提高,为今后的工作打下坚实的基础。

　　为此,根据化工原理及实验课程教学大纲的规定,考虑到学科的最新发展和课程教学的资源化需求,本书在保持原总体结构和特色风格的前提下,对部分内容进行了删减、调整、更新和充实。主要修订内容包括:

　　(1) 对化工原理实验的教学要求进行了更新和细化;

　　(2) 新增了化工原理仿真实验;

　　(3) 对各章节进行了重新布局。

　　本教材结合了实验室现有条件,在湖南科技大学化学化工学院化工系全体教师多年教学讲义的基础上编写而成,书中还借鉴了国内各兄弟院校同类教材的经验,为免繁冗,参考文献中未一一列出,在此一并表示感谢。

　　参加本教材编写的老师有湖南科技大学刘和秀、黄念东、胡忠于、罗娟、李友凤、曾坚贤和周智华等,由于编者学识所限,书中不妥之处,恳请读者指正。

编者

2018 年 6 月

目　录

第一章 绪 论

　　化工原理是化学工程与工艺、化学、应用化学、制药工程、环境工程、生物化工、材料化学等专业的重要专业基础技术课程,也是一门实践性很强的课程。它的许多理论与技术都直接为化学工业生产和科学研究所应用。它的历史悠久,已形成了完整的教学内容与教学体系。化工原理中所涉及的理论和计算方法是与实验研究紧密联系的。可以说,化工原理课是建立在实验基础上的学科,化工原理实验在这门课程中占有很重要的地位,是同学们巩固理论知识、获取新知识的重要途径。

　　长期以来,化工原理实验常以验证课堂理论为主,教学安排上也仅作为化工原理课程的一部分。近几十年来,化学工程、石油化工、材料化学、生物工程的飞速发展,要求研制新材料、寻找新能源、开发高科技产品,对化工过程与设备的研究提出了更高的要求,新型高效率低能耗的化工设备的研究也更为迫切。不少高等院校为了适应新形势的要求,加强了学生实践环节的教育,以培养有创造性和独立工作能力的科技人才。

一、化工原理实验的教学目的

　　化工原理实验课是化工类专业教学计划中的一门必修课,其教学目的是:

　　1. 巩固和深化理论知识

　　化工原理课程中所讲授的理论,学生对它们的理解往往是肤浅的,对于各种影响因素的认识还不很深刻。当学生做了化工原理实验后,对于基本原理的理解,公式中各种参数的来源及使用范围会有更深入的认识。

　　2. 培养学生从事实验研究的能力

　　理工科高等院校的毕业生,必须具有一定的实验研究能力。实验研究能力主要包括:为了完成一定的研究课题,具有设计实验方案的能力;进行实验,观察和分析实验现象的能力;正确选择和使用测量仪表的能力;利用实验的原始数据进行数据处理以获得实验结果的能力;运用文字正确表达技术报告的能力。这些能力是进行科学研究的基础,学生只有通过一定数量的基础实验与综合实验练习,经过反复训练才能掌握各种实验能力,通过实验课打下一定的基础,将来参加实际工作就可独立地设计新实验和从事科研与开发。

　　3. 培养实事求是、尊重科学、严肃认真的学习态度

　　实验研究是实践创新性很强的工作,对从事实验者的要求很高。化工原理实验要求学生具有一丝不苟的工作作风和严肃认真的工作态度,从实验操作、现象观察到数据处理等各个环节都不能丝毫马虎。如果粗心大意,敷衍了事,轻则实验数据不好,得不出什么结论,重则会造成设备故障甚至人身事故。

　　总之,实验教学对于学生的培养是不容忽视的,对学生动手和解决实际问题能力的锻炼是书本无法代替的。化工原理实验教学对于化工专业的学生来说仅仅是工程实践教学的开

始,在高年级的专业实验和毕业论文阶段还要继续提高。

二、化工原理实验的教学要求

化工原理实验对于学生来说是第一次接触到用工程装置进行实验,学生往往感到陌生,无从下手,有的学生又因为是几个同学一组而有依赖心理。为了切实收到教学效果,要求每个学生必须做到以下几点:

1. 准备实验

(1)阅读实验指导书,弄清本实验的目的与要求。

(2)根据本次实验的具体任务,研究实验的做法及其理论根据,分析应该测取哪些数据,并估计实验数据的变化规律。

(3)到现场观看设备流程、主要设备的构造、仪表种类和安装位置,审查这种设备是否合适,了解它们的启动和使用方法(但不要擅自启动,以免损坏仪表设备或发生其他事故)。

(4)根据实验任务及现场设备情况或实验室可能提供的其他条件,最后确定应该测取的数据。

(5)拟定实验方案,决定先做什么,后做什么,弄清操作条件。设备的启动程序以及如何调整。

2. 组织实验

本课程的实验一般都是几个人合作完成,因此实验时必须做好组织工作,既有分工,又有合作,才既能保证实验质量,又能获得全面训练。每个实验小组要有一个组长,组长负责实验方案的执行、联络和指挥。实验方案应该在组内讨论,每个组员都应各有专责(包括操作、读取数据及观察现象等),而且要在适当时间进行轮换。

3. 测取实验数据

(1)凡是影响实验结果或在数据整理过程中所必需的数据都要测取和记录,包括大气条件、环境温度、设备有关尺寸、物料性质、所用试剂及纯度、操作数据等。

(2)并不是所有数据都要直接测取,凡可以根据某一数据导出或从手册中查出的其他数据,不必直接测定。例如水的黏度、密度等物理性质,一般只要测出水温后即可查出。

4. 读取数据、做好记录

(1)事先必须拟好记录表格(只负责记某一项数据的,也要列出完整的记录表格),在表格中应记下各项物理量的名称、表示符号和单位。每个学生都应有一个实验记录本,不应随便拿一张纸就记录,要保证数据完整、条理清楚,避免张冠李戴的错误。

(2)实验时一定要在现象稳定后才开始读数据,条件改变后,要稍等一会儿才能读取数据,这是因为稳定需要一定时间(有的实验甚至要很长时间才能达到稳定),而仪表通常又存在滞后现象。不要条件一改变就测数据,此时记录的数据,结论是不可靠的。

(3)同一条件下至少要读取两次数据,而且只有当两次读数相接近时才能改变操作条件,以便在另一条件下进行观测。

(4)每个数据记录后,应该立即复核,以免发生读错或写错数字等现象。

(5)数据记录必须真实地反映仪表的精确度,一般要记录至仪表上最小分度以下一位数。例如温度计的最小分度为 $1\ ℃$,如果当时温度读数为 $24.6\ ℃$,这时就不能记为 $25\ ℃$,如果刚好是 $25\ ℃$整,则应记为 $25.0\ ℃$,而不能记为 $25\ ℃$,因为存在一个读数精确度的问题。一般记录数据中末位都是估计数字,如果记录为 25 ℃,它表示当时温度可能是 24 ℃,也可能是 26 ℃,或者说它的误差是 ±1 ℃,而 25.0 ℃ 则表示当时温度是介乎 24.9～25.1 ℃ 之间,它的误差是 ±0.1 ℃;但是,用上述温度计时也不能记为 24.58 ℃,因为它超出了所用温度计的精确度。

(6) 记录数据要以当时的实际读数为准,例如规定的水温为 50.0 ℃,而读数时实际水温为 50.5 ℃,就应该记 50.5 ℃。如果数据稳定不变,也应照常记录,不得空下不记;如果漏记了数据,应该留出相应空格。

(7) 实验中如果出现不正常情况,以及数据有明显误差时,应在备注栏中加以注明。

5. 实验过程注意事项

学生在做实验时除了读取数据外,还应做好下列工作:

(1) 进行操作者,必须密切注意仪表指示值的变动,随时调节,务必使整个操作过程都在规定条件下进行,尽量减小实验操作条件和规定操作条件之间的差距。操作人员不要擅离岗位。

(2) 读取数据后,应立即和前次数据相比较,也要和其他有关数据相对照,分析相互关系是否合理。如果发现不合理的情况,应立即同小组成员查找原因,明确是自己知识错误,还是测定的数据有问题,以便及时发现问题,解决问题。

(3) 实验过程中还应注意观察过程现象,特别是发现某些不正常现象时更应抓紧时机,研究产生不正常现象的原因。

6. 整理实验数据

(1) 同一条件下,如有几次比较稳定但稍有波动的数据,应先取其平均值,然后加以整理。不必先逐个整理后取平均值,以节省时间。

(2) 数据整理时应根据有效数字的运算规则,舍弃一些没有意义的数字。一个数据的精确度是由测量仪表本身的精确度所决定的,它绝不会因为计算时位数增加而提高。但是,任意减少位数却是不允许的,因为它降低了应有的精确度。

(3) 数据整理时,如果过程比较复杂,实验数据又多,一般采用列表整理法为宜,同时应将同一项目一次整理。这种整理方法不仅过程简单明了,而且节省时间。

(4) 要求以一次数据为例,把各项计算过程列出,以便检查。

7. 编写实验报告

一份好的实验报告,必须写得简单明白、一目了然,这就要求数据完整,交代清楚,结论明确,有讨论,有分析,得出的公式或线图有明确的使用条件。报告的格式虽然不必强求一致,但一般应包括下列各项:

(1) 报告的题目(要简明确切)。

(2) 写报告人及同组人姓名。

(3) 实验目的和任务。

(4) 实验原理。

(5) 实验设备说明(包括流程示意图和主要设备、仪表的类型及规格)。

(6) 实验数据记录(包括原始数据记录表格和整理后的数据记录表格)。

(7) 数据整理及计算示例,引用其中一组数据(要注明来源),要列出这组数据的计算过程,作为计算示例。

（8）实验结果要根据实验任务明确提出本次实验的结论，用图示法、经验公式或列表法均可，但都要注明实验条件。

（9）分析讨论。要对实验结果作出估计，分析误差大小及原因，对实验中发现的问题应进行讨论，对实验方法、实验设备有何改进建议也可写入此栏。

（10）回答思考题。

实验报告文句力求简明，书写清楚，图表整齐、清楚，插图附在适当的位置，并装订成册。实验报告中应写出姓名、班级、学号、实验时间、指导老师姓名及同组人。应在规定的时间内交给指导老师批阅。实验报告是考核成绩的主要方面，需认真对待。

三、化工原理实验纪律

（1）准时进入实验室，不得迟到或早退，不得无故缺课。

（2）遵守纪律，不准喧哗，禁止从事与实验无关的活动。

（3）对仪器设备在没弄清使用方法前，不得动用。与本实验无关的设备，不得乱摸乱动。

（4）爱护实验设备，节约水、电、气及实验药品。打开与关闭阀门时，不要用力过大，以免损坏仪器和影响实验进行。实验仪器设备若有损坏应立即报告老师并填写破损报告单，由指导老师审核上报处理。

（5）保持实验室及设备的整洁。衣服书包等应放在指定地点，不得挂在设备上。

（6）注意安全及防火。开启电机前，应观察电机及运转部件附近是否有人在工作。合上电闸时，应慎防触电并注意电机运转时有无异常声。注意精馏塔附近不得使用明火。

第二章　实验数据处理

化工原理实验测量多数是间接测量,实验数据处理的一般程序是:首先将直接测量结果按前后顺序列出表格,然后计算中间结果、间接测量结果及其误差;然后将这些结果列成表格;最后按实验要求将结果用图形表示出来,或者用经验公式表示。

一、数据计算

在数据计算过程中,应写出一组数据的完整计算过程,以便于检查在计算方法和数字计算上有无错误。计算完一组数据,就应该判断结果是否合理,例如:管内流体作湍流时,λ 在 $0.02 \sim 0.03$,假如计算结果是 0.35 或其他离奇的数值,那肯定是错了。如果是计算错误可以及时改正过来,以免一错到底。

由于实验数据较多,为了节省时间并避免计算错误,最好将计算中始终不变的数合并为常数,然后再逐一计算。

在计算中应注意有效数字。在工程计算中,计算的最后结果有效数字一般为三位,在运算过程中可保留一或两位不定数字。

二、实验数据标绘

实验数据经计算后,通常需要将结果标绘在坐标纸上,或者得出实验数据的拟合方程式,并判定拟合方程式的有效性。

1. 实验数据的图示(解)法

表示实验中各变量关系最通常的办法是将离散的实验数据标于坐标纸上,然后连成光滑曲线或直线,直观而清晰地表达出各变量的相互关系,分析极值点、转折点、变化率及其他特性,便于比较。还可以根据曲线得出相应的方程式,某些精确的图形还可用于不知数学表达式的情况下进行图解积分和微分。

(1) 坐标纸的选择

化工专业常用的坐标有直角坐标、对数坐标和半对数坐标。

直线关系:$y = a + bx$,选用普通坐标纸;

幂函数关系:$y = ax^b$,则 $\lg y = \lg a + b\lg x$,在对数坐标纸上为一直线,选用对数坐标纸;

指数函数关系:$y = a^{bx}$,选用半对数坐标纸,因 $\lg y$ 与 x 呈直线关系。

此外,某变量最大值与最小值数量级相差很大时,或自变量 x 从零开始逐渐增加的初始阶段,x 少量增加会引起因变量极大变化,均可用对数坐标。

(2) 坐标的分度

坐标分度指每条坐标轴所代表的物理量大小,即选择适当的坐标比例尺。

为了得到良好的图形,在量 x 和 y 的误差 Δx、Δy 已知的情况下,比例尺的取法应使实验"点"的边长为 $2\Delta x$、$2\Delta y$,而且使 $2\Delta x = 2\Delta y = 1 \sim 2$ mm,若 $2\Delta y = 2$ mm,则 y 轴的比例尺 M_y 应为:

$$M_y = \frac{2 \text{ mm}}{2\Delta y} = \frac{1}{\Delta y}$$

如已知温度误差 $\Delta T = 0.05 \text{ ℃}$,则:

$$M_y = \frac{1}{0.05} = 20 \text{ mm/℃}$$

那么 1 ℃ 温度的坐标为 20 mm 长,若感觉太大,可取 $2\Delta x = 2\Delta y = 1$ mm,此时 1 ℃ 温度的坐标为 10 mm 长。

2. 图解法求经验公式

把实验数据归纳为经验公式,即一定的函数关系式,可以清楚地表示各变量之间的关系,而且便于用计算机处理。

(1) 直线化方法

如何由实验数据 (y_i, x_i) 得出一定的经验方程式?通常将实验数据标绘在普通坐标纸上,得一曲线或直线,如果是一直线,则根据初等数学可知:

$$y = a + bx$$

如果不是一直线,也就是说,y 与 x 不是线性关系,则可将实验曲线和典型的函数曲线相对照,选择与实验曲线相似的典型曲线函数形式,然后用直线化方法,对所选函数与实验数据的符合程度加以检验。

(2) 三元函数图解

化工中常见的准数方程式如 $Nu = aRe^b Pr^c$,就是一个三元函数方程式。在这种情况下,可先令其中一个变量为常数,然后根据上述处理双变量函数的方法,在每一个变量常数下作图,便得到一组直线。

三、实验数据的回归分析法

化工实验中,由于存在实验误差与某种不确定因素的干扰,所得数据往往不能用一根光滑曲线或直线来表达,即实验点随机地分布在一直线或曲线附近,要找出这些实验数据中所包含的规律性即变量之间的定量关系式,而使之尽可能符合实际数据,可用回归分析这一数理统计的方法。

回归分析的数学方法是最小二乘法。它包括一元线性回归(直线拟合)、相关系数及回归显著性检验、多元线性回归、非线性回归等内容。一元与多元回归可编辑程序用计算机处理。请参考有关书籍。

第三章　实验数据的误差分析

由于实验方法和实验设备的不完善、环境的影响、人为观察因素、测量技术限制等，实验观察值和真值之间总是存在一定的差异，在数值上即表现为误差。对测量误差进行估计和分析，对评判实验结果和设计方案具有重要的意义，是应该熟练掌握的内容。

一、真值与平均值

任何一个被测量对象的物理量总具有一定的客观真实值——真值，但真值一般不能直接测出。实验科学给真值下了这样一个定义：无限多次的观察值的平均值，称为真值。由于实验观测的次数是有限的，因此有限次数观测值的平均值只能接近于真值，称为最佳值。实际工作中，一般取高一级的仪器的示值作为真值。

二、绝对误差与相对误差

① 绝对误差：用测量值 x 减去真值 A，所得余量 Δx 为绝对误差。记为：

$$\Delta x = x - A$$

② 相对误差：衡量某一测量值的准确度的高低，应该用相对误差 δ 来表示。记为：

$$\delta = (\Delta x / x) \times 100\%$$

三、误差的性质及分类

系统误差——指在同一实验条件下，多次测得同一测量值，误差保持恒定，或在条件改变时，按某一确定的规律变化的误差。产生系统误差的原因有：① 仪器设备的误差，如仪表未经校正或标准表本身存在偏差等；例如水银温度计的零位变动偏高了 $0.2\ ℃$，用这支温度计进行多次测量，每次都会偏高 $0.2\ ℃$。② 周围环境的改变，如外界温度、压力、风速等；③ 实验人员个人的习惯和偏好，如读数的偏高或偏低等引入的误差。系统误差可针对上述诸原因分别改进仪器和实验装置以及提高实验技巧予以清除。系统误差的大小反映了实验数据准确度的高低。

随机误差——指在相同条件下测量同一量时，误差的绝对值时大时小，其符号时正时负，没有确定规律的误差。这类误差产生原因是不易控制的偶然因素所致，因而无法控制和补偿。随机误差在做足够多次数的等精度测量时具有统计规律，所以，多次测量结果的算术平均值将更接近于真值。

过失误差——是一种显然与事实不符的误差。它主要是由于实验人员粗心读错数据，或操作失误等所致。过失误差的观测值在实验数据整理时必须剔除，实验时应避免这类误差的产生。

真值一般是不可测的。但在不存在系统误差的前提下，对某一物理量经过无限多次的测量,它们的平均值就相当接近于这物理量的真值。由于实验中观测次数是有限的,故有限的观测值的平均值,只能近似于真值,故称这个平均值为最佳值。平均值计算方法的选择,取决于一组观测值的分布类型。在一般情况下,观测值的分布属于正态类型,即正态分布。因此,算术平均值作为最佳值使用最为普遍。

某测量点的误差通常由下面三种形式表示:

(1)绝对误差 ν

某一观测值与平均值(即最佳值)的差称为绝对误差,通称误差。

$$\nu = X_i - \overline{X}$$

(2)相对误差 η

为了比较不同被测量的测量精度,引入了相对误差。

$$\eta = \frac{X_i - \overline{X}}{\overline{X}} \times 100\%$$

(3)算术平均误差 δ

$$\delta = \frac{1}{n} \sum_{i=1}^{n} |X_i - \overline{X}|$$

(4)标准误差 σ

当测量次数有限时,常用下式表示:

$$\sigma = \sqrt{\frac{1}{n-1} \sum_{i=1}^{n} (X_i - \overline{X})^2}$$

式中　n——观测次数;

　　　X_i——第 i 次的测量值;

　　　$\overline{X}$——n 次测量值的算术平均值。

标准误差的大小说明,在一定条件下等精度测量的数据中每个观测值对其算术平均值的分散程度。如果测的数值小,该测量列数据中相应小的误差占优势,任一单次观测值对其算术平均值的分散程度就小,测量的精度高;反之,精度就低。

显然,实测到数据的精确程度是由系统误差和随机误差的大小来决定的。系统误差愈小,测得数据的精确度愈高;且随机误差愈小,测得数据的精确度也愈高。所以要使实测数据的精确度提高就必须满足系统误差和随机误差均很小的条件。

第四章　化工原理计算机仿真实验

计算机仿真实验教学是当代非常重要的一种辅助教学手段,它形象生动且快速灵活,集知识掌握和能力培养于一体,是提高实验教学效果的一项十分有力的措施。

一、仿真实验的组成

本套软件系统包括 10 个单元仿真实验:

实验一　流体阻力仿真实验

实验二　离心泵特性仿真实验

实验三　流量计校核仿真实验

实验四　过滤常数仿真实验

实验五　传热系数仿真实验

实验六　吸收系数仿真实验

实验七　塔板效率仿真实验

实验八　精馏塔操作仿真实验

实验九　萃取系数仿真实验

实验十　干燥曲线仿真实验

二、仿真软件操作的一般规则

双击教学软件文件夹中的"化工原理仿真实验"图标进入高等学校化工原理实验 CAI 系统,界面如图 4-0-1 所示。

根据指导老师要求选择相应的内容进行操作。

1. 仿真运行操作

双击 CAI 系统界面上要做的仿真实验,屏幕显示流程图,并且在屏幕下部显示操作菜单,根据化工原理实验操作程序的要求,选择操作菜单提示的各项控制点依次进行操作。每项控制点选定后按↑或者↓键进行开、关或量的调节。每完成一项操作按回车键又回到主菜单。

当需要记录数据时,点确定按钮自动将当前状态的数据记录下来并存入硬盘中,以便数据处理时调用。

2. 数据处理操作

实验结束后,点数据处理按钮,进入数据处理环境界面,点显示结果按钮可查看数据处理结果、曲线及其回归方程式。

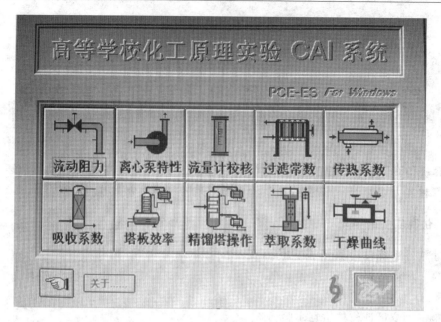

图 4-0-1 化工原理实验 CAI 系统界面图

实验一　流体阻力仿真实验

本实验内容有两项：一是测定塑料管的摩擦系数与雷诺准数的关系；二是测定钢管的摩擦系数与雷诺准数的关系，参看仿真流程图 4-1-1。

一、常规操作

进入仿真软件目录下，点击流体阻力图标，屏幕出现实验流程图，如图 4-1-1 所示。

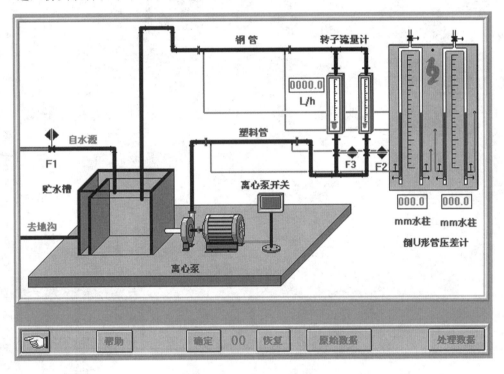

图 4-1-1　流体阻力仿真实验界面图

图形下方帮助菜单中有实验原理和实验方法等说明，按操作步骤进行操作。每完成一项操作按回车键可回到帮助菜单。

二、仿真实验步骤

（1）打开 F1 阀给贮水槽加水，水满后关闭 F1 阀，溢流的水排至地沟。

（2）按离心泵开关启动水泵，按钮由绿色变成红色。

（3）打开泵排水阀 F2 和 F3 至某一值。

（4）按确定键读取第一组数据（包括管路流量和两个压差计的读数）。

（5）重复（3）、（4）项操作，记录 10 组左右数据（数据点宜前疏后密）。

（6）关闭出口阀 F2 和 F3，停泵。

（7）按处理数据按钮，进入数据处理界面，按显示结果可查看数据处理结果表、曲线及回归线方程式。

（8）退出。

实验二　离心泵特性仿真实验

本仿真实验可测定离心泵 3 条特性曲线。

一、常规操作

进入仿真软件目录下,点击离心泵特性图标,屏幕出现实验装置图,如图 4-2-1 所示。

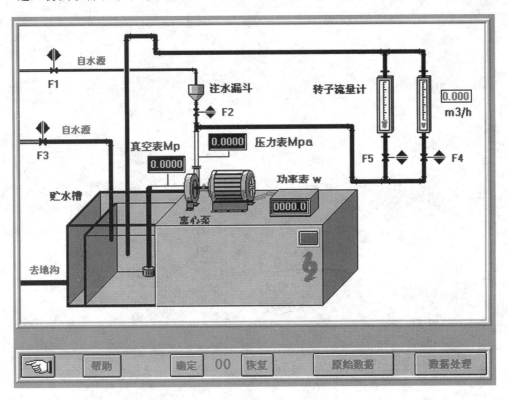

图 4-2-1　离心泵特性仿真实验界面图

图形下方帮助菜单中有实验原理和实验方法等说明,即仿真操作主菜单。

二、仿真实验步骤

(1) 全开进水阀 F3,使水槽内加满水,溢流的水排至地沟。

(2) 离心泵的排气灌水操作:打开排水阀 F4 或 F5,打开灌水阀 F1 和 F2(阀门红色时表示打开,黑色时表示关闭)。然后再关闭灌水阀 F1、F2 和排水阀 F4 或 F5,灌水完毕,按回车键回到主菜单。

(3) 点击泵下方的绿色按钮启动水泵,启动后按钮变为红色。

（4）按确定按钮，读取离心泵流量为 0 时的第一组数据（包括流量，泵进、出口压强和功率等数据）。

（5）调整 F4 或 F5 使流量至某一值，等系统达平衡按确定按钮，读取第二组数据。

（6）重复（5）的操作，记录约 10 组数据，包括大流量数据。

（7）按处理数据按钮，进入数据处理界面，按显示结果可查看数据处理结果表、曲线及回归线方程式。

（8）退出。

实验三　流量计校核仿真实验

本仿真实验可测定孔板流量计和文丘里流量计的孔流系数。

一、常规操作

进入仿真软件目录下,点击流量计校核图标,屏幕出现实验装置图,如图 4-3-1 所示。

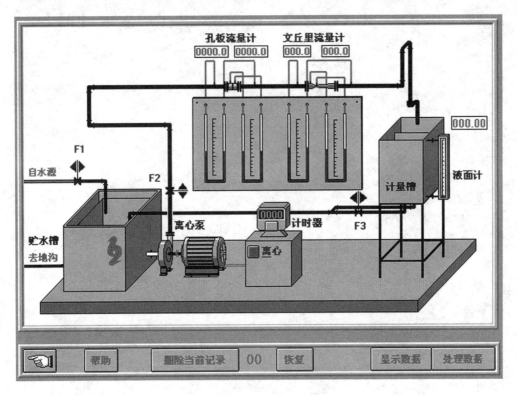

图 4-3-1　流量计校核仿真实验界面图

图形下方帮助菜单中有实验原理和实验方法等说明,即仿真操作主菜单。

二、仿真实验步骤

(1)打开注水阀 F1,将贮水槽注满水,关闭 F1。

(2)启动离心泵,打开出口调节阀 F2,各 U 形管压差计显示压差值,计量槽排出流体至排水槽侧,并排入贮水槽。

(3)在确保计量槽内流体排空及其出口阀关闭时,按动计时器按钮,开始计时,同时计量槽弯头转向计量槽侧。当达一定液面时,关闭计时器,同时当前所有示值计入原始数据表。

（4）打开计量槽排水阀，将水排空，关闭排水阀，同时调节泵出口阀至下一个测点。

（5）重复（3）、（4）在整个测量范围内分为 10 个以上测点，重复测出各组数据。

（6）按数据处理按钮进入数据处理界面，按动 Q-Δp 或 Re-C_0、C_v 按钮可分别显示相应数据处理结果表、曲线及回归线方程式。

（7）退出。

实验四 过滤常数仿真实验

本仿真实验可测定恒压过滤常数 K，q_e 和 τ_e。

一、常规操作

进入仿真软件目录下，点击过滤常数图标，屏幕出现实验装置图，如图 4-4-1 所示。

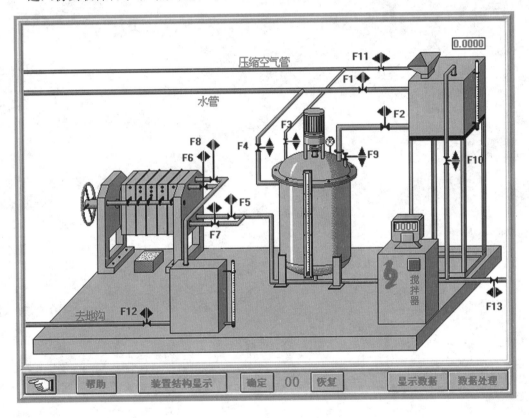

图 4-4-1 过滤常数仿真实验界面图

图形下方帮助菜单中有实验原理和实验方法等说明，即仿真操作主菜单。

二、仿真实验步骤

(1) 打开配料槽注水阀 F1，向槽内注水至合适液位。

(2) 打开压缩空气阀 F11，作为混浆用的动力源。

(3) 将 $CaCO_3$ 料盒中的料倒入配料槽的料斗内，然后将料盒放回远处。

(4) 打开阀门 F2，把配料槽中的料浆注入滤浆压料罐内，关闭 F2，同时按下搅拌器开关,搅动滤浆,以防止沉淀。

(5)打开压缩空气阀门 F3,使滤浆压料罐内产生恒压。

(6)旋转过滤机压紧手轮,将滤框内滤饼卸入 $CaCO_3$ 料盒内,再旋转压紧手轮,将滤框压紧。

(7)打开阀门 F5、F6,开始过滤,计时器同时计时,通过确定按钮采取 8～25 组实验数据,关闭阀门 F6、F5 及计时器。

(8)按数据处理按钮进入数据处理界面,按显示结果按钮可分别显示相应数据处理结果表、曲线及过滤常数。

(9)退出。

实验五　传热系数仿真实验

本实验测定空气在圆形直管中作强制湍流时的对流传热系数关联式。

一、常规操作

进入仿真软件目录下,点击传热系数图标,屏幕出现实验装置图,如图 4-5-1 所示。

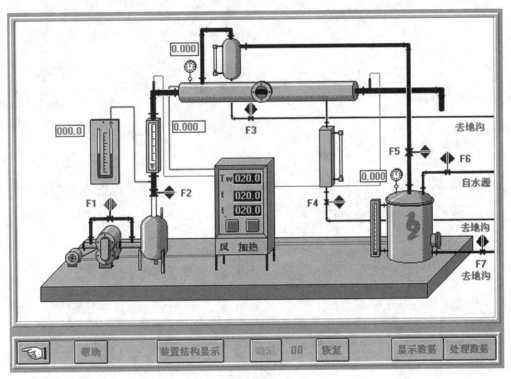

图 4-5-1　传热系数仿真实验界面图

图形下方帮助菜单中有实验原理和实验方法等说明,即仿真操作主菜单。

二、仿真实验步骤

(1) 打开风机开关 F1。

(2) 开启空气流量调节阀 F2。

(3) 打开电热锅炉注水阀 F6,向锅炉内注水到二分之一到三分之二液面处,打开加热开关,加热并产生一定压力的蒸汽。

(4) 打开蒸汽调节阀 F5,让蒸汽进入套管。

(5) 调 F2 至某一开度(不宜过小),当各点温度稳定后,按确定键记录第一组数据(包括空气流量、空气进出口温度、空气压强、蒸汽温度、壁温等数据)。

　　(6) 重复第(5)项操作,记录 8 组以上数据。

　　(7) 关闭蒸汽调节阀 F5。

　　(8) 关闭风机开关和加热开关,退出。

　　(9) 按数据处理按钮进入数据处理界面,按显示结果按钮可查看数据处理结果表、曲线及回归方程式。

实验六　吸收系数仿真实验

本仿真实验可测定填料塔气相体积总传质系数。

一、常规操作

进入仿真软件目录下,点击吸收系数图标,屏幕出现实验装置图,如图 4-6-1 所示。

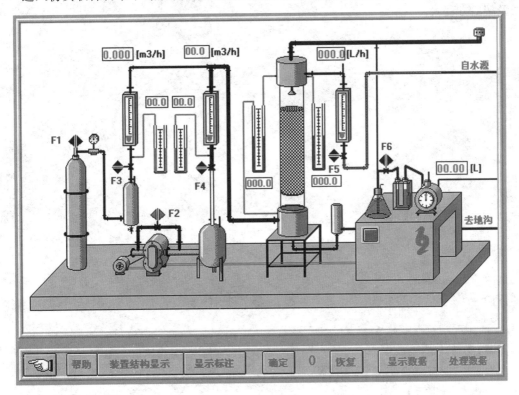

图 4-6-1　吸收系数仿真实验界面图

图形下方帮助菜单中有实验原理和实验方法等说明,即仿真操作主菜单。

二、仿真实验步骤

(1) 打开自来水调节阀 F5。

(2) 全开风机旁通阀 F2。

(3) 启动风机。

(4) 逐渐关闭旁通阀 F2 至发生液泛为止,液泛时喷洒器下端出现横条液体波纹。以上是发生液泛现象时的操作。

（5）调整旁通阀 F2 至某一开度，使空气流量计显示在 20 m³/h 左右。

（6）打开氨瓶调节阀 F3。

（7）调整氨气调节阀 F3 至氨气流量计示值在 0.5～0.9 m³/h。

（8）将 1 mL 含有红色指示剂的硫酸倒入吸收器内（此步自动完成）。

（9）打开通往吸收器的旋塞 F6。

（10）当吸收液硫酸由红色转变为黄色时，立即关闭旋塞 F6 并按确定键记录数据。

（11）关闭氨气阀。

（12）关闭风机。

（13）关闭喷淋水量调节阀，退出。

（14）按数据处理按钮进入数据处理界面，按显示结果按钮可查看数据处理结果表、曲线及回归方程式。

实验七　塔板效率仿真实验

本仿真实验可测定全回流下的总塔板效率。

一、常规操作

进入仿真软件目录下,点击塔板效率图标,屏幕出现实验装置图,如图 4-7-1 所示。

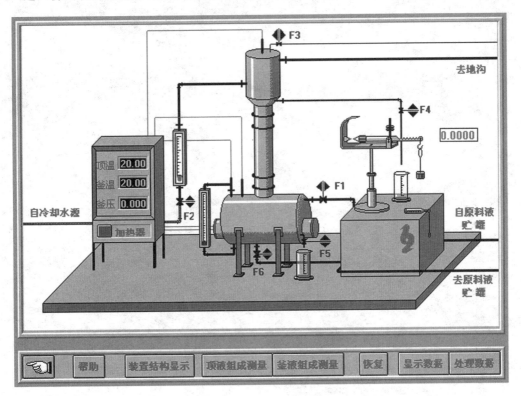

图 4-7-1　塔板效率仿真实验界面图

图形下方帮助菜单中有实验原理和实验方法等说明,即仿真操作主菜单。

二、仿真实验步骤

(1) 打开塔釜加料阀 F1,选择原料组成后将釜液灌注到二分之一至三分之二液面处,关闭 F1。

(2) 打开冷凝器冷却水阀 F2,并调到转子流量计二分之一以后位置,按加热器按钮加热釜液。

（3）将组成数据记入原始数据表，按处理数据按钮进入数据处理界面，按显示结果按钮，可查看图解理论塔板数的结果及总塔板效率的计算结果。

实验八　精馏塔操作仿真实验

本仿真实验可演示连续精馏塔操作并测定部分回流时的总塔板效率。

一、常规操作

进入仿真软件目录下,点击精馏塔操作图标,屏幕出现实验装置图,如图 4-8-1 所示。

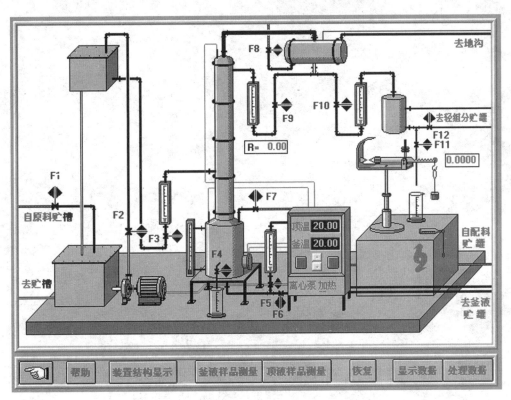

图 4-8-1　精馏塔操作仿真实验界面图

图形下方帮助菜单中有实验原理和实验方法等说明,即仿真操作主菜单。

二、仿真实验步骤

(1)打开原料液贮槽加料阀 F1,向贮槽内加料;同时打开精馏塔塔釜加料阀 F7,向釜内加料到二分之一至三分之二液面处,关闭 F7。

(2)打开冷凝器冷却水阀门 F8。按动离心泵按钮,开启进料泵。

(3)打开塔釜加热开关,启动原料液高位槽加料泵,打开 F2。

(4)打开回流阀 F9。

（5）打开进料阀 F3，同时打开馏出液采出阀 F10，保持塔内釜液液位基本不变。

（6）当操作稳定时，可取样分析当前操作回流比下馏出液及釜液的组成。

（7）按处理数据按钮进入数据处理界面，按显示结果按钮，可查看图解理论塔板数图线及数据处理结果。

（8）返回实验界面，可调节不同回流比重复上述实验。

实验九　萃取系数仿真实验

本仿真实验可测定液液萃取体积总传质系数。

一、常规操作

进入仿真软件目录下,点击萃取系数图标,屏幕出现实验装置图,如图 4-9-1 所示。

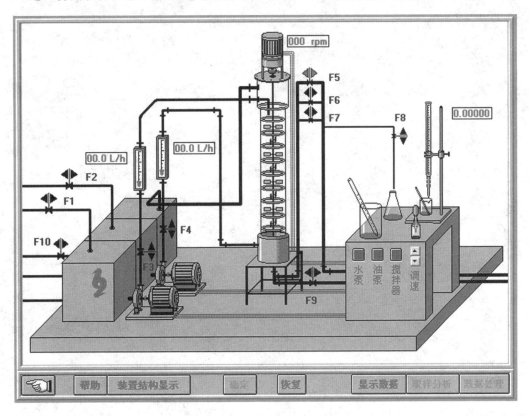

图 4-9-1　萃取系数仿真实验界面图

图形下方帮助菜单中有实验原理和实验方法等说明,即仿真操作主菜单。

二、仿真实验步骤

(1) 打开阀门 F1、F2,分别将水和浓度一定的煤油与苯甲酸混合液注入水槽和对应槽内。
(2) 启动水泵,打开阀门 F3,将水注入塔内。
(3) 启动搅拌器并调至一定转速。
(4) 启动油泵,打开阀门 F4,将煤油注入塔内。

（5）稳定后，打开 F8 取样。

（6）按取样分析按钮进行样品分析，按确定按钮，记录该组实验数据。

（7）进行下一个取样分析。

（8）选不同转速重复上述实验。

实验十　干燥曲线仿真实验

本仿真实验可测定干燥曲线和干燥速率曲线。

一、常规操作

进入仿真软件目录下,点击干燥图标,屏幕出现实验装置图,如图 4-10-1 所示。

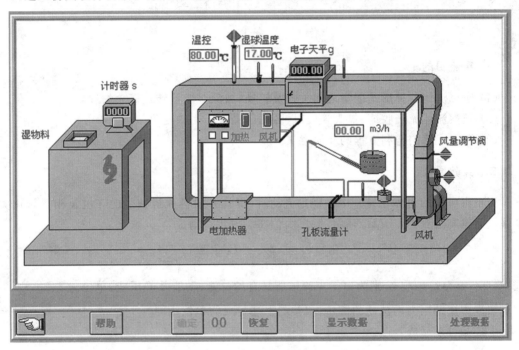

图 4-10-1　干燥曲线仿真实验界面图

图形下方帮助菜单中有实验原理和实验方法等说明,即仿真操作主菜单。

二、仿真实验步骤

(1)启动风机,用风量调节阀调节流量。

(2)调节温控器至合适温度后,接通加热器。

(3)当达到恒定温度后,将物料装入干燥室内,关上干燥室门,同时尽快按动计时器按钮。

(4)按确定按钮记录当前一组原始数据,在物料含水范围内分为 15～25 个数据点。

(5)按处理数据按钮进入数据处理界面,按显示结果按钮,可查看数据处理结果表格,按选择显示结果按钮,选择干燥曲线或干燥速率曲线按钮,查看曲线图及其回归线方程式。

第五章　化工原理实验

实验一　伯努利方程实验

一、实验目的

(1) 研究流体各种形式能量之间关系及转换,加深对能量转化概念的理解。

(2) 观察流体流经收缩、扩大管段时,各截面上静压头的变化。

(3) 深入了解伯努利方程的几何意义。

二、实验原理

当不可压缩的流体在导管中做稳态流动时,所具有的各种机械能的守恒及相互转化关系服从伯努利方程,对于单位质量的流体,伯努利方程可写成:

$$gZ_1 + \frac{p_1}{\rho} + \frac{u_1^2}{2} = gZ_2 + \frac{p_2}{\rho} + \frac{u_2^2}{2} + \sum h_f \tag{1}$$

式中,gZ_1,$u^2/2$,$p/\rho g$ 分别为每千克流体所具有的位能、动能及静压能,单位为 J/kg;$\sum h_f$ 为克服流体流动阻力而消耗的能量,单位与上述各项的单位相同。

上式又可改写成:

$$Z_1 + \frac{p_1}{\rho g} + \frac{u_1^2}{2g} = Z_2 + \frac{p_2}{\rho g} + \frac{u_2^2}{2g} + \sum H_f \tag{2}$$

式中各项的单位为米流体柱,工程上一般称为压头,Z 称为位压头;$u^2/2g$ 称为动压头;$p/\rho g$ 称为静压头;H_f 则称为压头损失。它们的物理意义是指该项能量可将 1 kg 该流体克服其重力而提升的高度。

当液体静止,此时由式(1)得到静力学方程式:

$$p_1 = p_2 + (Z_2 - Z_1)\rho g \tag{3}$$

所以流体静止状态仅为流动状态的一种特殊形式。

当测压管为垂直取压时所测得的为该点处的静压头,当测压管在管中心正对流动方向取压时所测得的为该点处的静压头与动压头之和(冲压头),因此两测压管的差即为该点处的动压头。

如果流体为理想流体,$H_f = 0$,则伯努利方程表示流体流经的任一截面上的机械能之和相等。A、B 两截面(参看实验装置示意图)相比,两者处于同一高度,位能相同,但是截面 A

的截面积小于截面 B 的截面积,所以 $u_A > u_B$,即截面 A 的动压头大于截面 B 的动压头,根据伯努利方程,截面 A 的静压头小于截面 B 的静压头。对于截面 C、D,因管径相等,二者的动压头相等,但因截面 C 的位压头大于截面 D 的位压头,因此截面 C 的静压头必小于截面 D 的静压头。

对于实际流体 $H_f > 0$,则各截面的机械能之和必随流过距离的增加而减小,各截面之间的差值即为阻力损失压头。

实际流体流动过程中的各种阻力均与流速有关,如果忽略流速对阻力系数的影响,当雷诺准数值较大时,摩擦阻力损失与流速的平方成正比,即:

$$\frac{H_{f1}}{H_{f2}} = \frac{u_1^2}{u_2^2} \tag{4}$$

三、实验装置与流程

实验设备由水槽、玻璃管、测压管等组成。

管路分成四段,由两种内径不同的玻璃管连接而成。大管内径约为 27 mm,其余部分的内径约为 15.5 mm。出口调节阀 6 供调节流量用。第四段管路比其他段管路位置低,该段的位压头应比其他段位压头小,但第四段上测压管的标尺刻度较其他三段测压管的标尺刻度起点小,因此从标尺上的读数值不能显示出位压头不同所造成的差别。故在实验测得的数据中,可以不考虑位压头的影响。

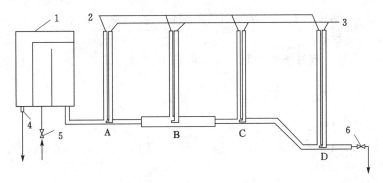

图 5-1-1　伯努利方程实验装置流程图

1——高位槽门;2——静压测量管;3——冲压测量管;4——溢流管;5——进水调节阀;6——出口调节阀

四、实验方法与步骤

(1)实验前,先关闭实验导管出口调节阀 6,并将水灌满溢流水槽,然后开启进水调节阀 5,水由进水管进入溢流水槽,流经水平安装的实验导管,实验导管排出的水和溢流出来的水直接排入下水道。流体流量由实验导管出口阀 6 控制。进水管调节阀 5 控制溢流水槽内的溢流量,以保持槽内液面稳定。

(2)静止流体的机械能分布及转换。

将实验导管出口调节阀 6 全部关闭,以便于观察。可在测压管内滴入几滴彩色墨水,观察并记录点 A、B、C、D 点处各测压管内液柱高低。

(3)一定流量下流体的机械能分布及转换。

缓慢调节进水管调节阀 5,调节流量使溢流水槽中有足够的水溢出,再缓慢开启实验导管出口调节阀 6,使导管内水流动,当观察到实验导管中部的两支测压管水柱略有差异时,将流量固定不变,当各测压管的水柱高度稳定不变时,说明导管内流动达到稳定状态,可开始观察实验现象。

(4) 不同流量下流体的机械能分布及转换。

连续缓慢地开启实验导管的出口调节阀 6 使流量不断加大,等导管内流动达到稳定状态后观察并记录点 A、B、C、D 处各静压能与冲压能测压管内液柱的变化。

五、注意事项

(1) 本实验装置系演示仪器,因此所测得的数值精确度较差,但在一定情况下仍能定量地说明问题。

(2) 高位槽的水位一定要和溢流口相齐,否则流动不稳定,造成很大实验误差。

(3) 若管内或各测压点处有气泡,要及时排除以提高实验的准确性。

(4) 测压孔有时会被堵塞,造成测压管液位升降不灵,此时可用洗耳球在测压孔上端吸放几次即可疏通。

六、实验数据记录与处理

1. 动压头的计算

$$动压头\ H = 冲压测量管的液位 - 静压测量管的液位$$

2. 最大点速度的计算

求得某一段在某一流量下的动压头 H,可按下式得出该处在一定流量下的最大点速度 $u_{\max}$。

$$u_{\max} = \sqrt{2gH}$$

3. 不同流速下的阻力损失及其比值

阻力损失 H_f 为不同位置的液位之差(测压孔位于同一方向)。并比较 $H_{f大}/H_{f小}$ 是否与 $u_{大}^2/u_{小}^2$ 是否近似相等。

4. 数据记录表

(1) 实验设备基本参数 $d_1 =$＿＿＿＿ mm,$d_2 =$＿＿＿＿ mm。

(2) 实验数据记录。

表 5-1-1　　　　　　　　　　　　数据结果记录

序号	A		B		C		D	
	静压头	冲压头	静压头	冲压头	静压头	冲压头	静压头	冲压头
1								
2								
3								
4								

（3）分析并解释实验现象。

七、思考题

（1）管内的空气泡会干扰实验现象，请问怎样排除？
（2）试解释所观察到的实验现象。
（3）实验结果是否与理论结果相符合？解释其原因。
（4）比较并列 2 根测压管液柱高低，解释其原因。

实验二　流线演示实验

一、实验目的

（1）应用流动演示仪演示各种不同边界条件下的水流形态，以观察在不同边界条件下的流线、旋涡等，增强对流体运动特性的认识。

（2）应用流动演示仪演示水流绕过不同形状物体的驻点、尾流现象，增强对这些现象的感性认识。

二、实验基本原理

按欧拉法描述、研究流体运动时，引入流线的概念。流线可以更清晰地描绘出整个流体运动空间在某一瞬间的流动图像。对恒定（定常）流动来说，这种运动图像将不随时间而变化。它说明位于该曲线上的每一流体质点的运动方向均与该曲线相切，因此，流线是一条矢量线，是流体运动的方向线。从而通过观察该曲线的变化规律，便可知道流体质点的运动性质。

流线可形象地演示各种流体形态及其内部质点运动的特性。而通过各种演示设备就可以演示出流线。常用的有烟风洞、氢气泡显示设备以及流动演示仪等。

三、实验装置与流程

本实验装置为自循环式油液流动演示仪，它是由储油箱、油泵、进油管、流线显示槽、回流管等组成，形成油液自循环系统。

图 5-2-1 为流动演示仪结构示意图。该仪器用有机玻璃制成，通过在水流中掺入油滴的方法，演示出不同边界条件下的多种水流现象，并显示相应的流线。

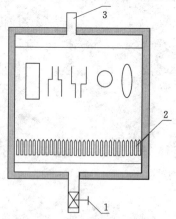

图 5-2-1　流动演示仪结构示意图

1——进油阀门；2——空气气泡发生管；3——出油管

四、实验方法与步骤

（1）打开进水阀门，给流动演示仪通水。

（2）用调节进油旋钮调节进油量的多少，使仪器能够清楚地观察到流线。

（3）演示内容如下：

Ⅰ型：显示管道突然扩大和突然收缩时的管道纵剖面上的流动状况。在突然扩大段出现强烈的旋涡区；在突然收缩段仅在拐角处，流线脱离边界，出现旋涡；在直角转弯处，流线弯曲，越靠近弯道内侧流速越小，由于流道很不顺畅，回流区范围较广。

Ⅱ型：显示桥墩的流线。该桥墩为前端逐渐收缩的尖头绕流体。在前端，流线均匀收缩，无旋涡产生；水流在桥墩后的尾流区内产生旋涡。

Ⅲ型：演示圆柱绕流的流线，能十分清晰地显示出流体在驻点处的停滞现象、边界层分离状况。

驻点：观察流经圆柱前端驻点处油滴的运动特性，可了解流速与压强沿圆柱周边的变化情况。

边界层分离：流线显示了圆柱绕流边界层分离现象，可观察边界层分离点的位置及分离后的回流形态。

Ⅳ型：演示机翼绕流的流线分布。观察水流绕过机翼时的流动情况，根据流线的疏密，判断流速、压力的变化，理解升力的产生。

五、实验记录与处理要求

观察并描述流经各绕流体时流线的形态。

六、思考题

（1）本实验依据的是什么原理？它在工程中有什么作用？

（2）旋涡区与水流能量损失有什么关系？

（3）指出演示仪器中的急变流区。

实验三　流体流动型态及临界雷诺数的测定

一、实验目的

（1）学习和观察流体的流动形态，并对层流和湍流的现象进行比较。
（2）了解转子流量计的原理、结构和使用。
（3）了解雷诺实验装置。

二、实验原理

经许多研究者实验证明流体流动存在两种截然不同的形态，主要决定因素为流体的密度和黏度、流体流动的速度，以及设备的几何尺寸（在圆形管道中为管道直径），将这些因素整理归纳为一个无因数群，称该无因数群为雷诺准数（或雷诺数），即：

$$Re = \frac{du\rho}{\mu} \tag{1}$$

式中　d——管道直径，m；

ρ——流体密度，kg/m^3；

u——流体流速，m/s；

μ——液体黏度，$Pa \cdot s$。

大量实验测得：当雷诺准数小于某下临界值时，流体的流动形态为层流；当雷诺数大于某上临界值时，流体的流动形态为湍流；在下临界值和上临界值之间，则为不稳定的过渡区域。对于圆形管道，下临界雷诺准数为2 000，上临界雷诺准数为100 000，一般情况下，上临界雷诺准数为4 000时即形成湍流。

应当指出，层流与湍流之间并非是突然的转变，而是两者之间相隔一个不稳定过渡区域，因此，临界雷诺数测定值和流形的转变，在一定程度上受一些不稳定的其他因素的影响。

三、实验装置与流程

雷诺实验装置主要由稳压溢流水槽、实验导管、转子流量计等部分组成，如图5-3-1所示。

自来水不断注入并充满稳压溢流水槽，稳压溢流水槽的水流经试验导管和流量计，最后排入下水道。稳压溢流水槽的溢流水，也直接排入下水道。

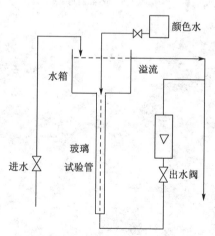

图 5-3-1　雷诺实验装置流程图

四、实验方法与步骤

1. 实验前准备工作

（1）实验前，先用自来水充满稳压溢流水槽。将适量示踪剂（红或蓝墨水）加入贮瓶内备用，并排尽贮瓶与针头之间管路内的空气。

（2）实验前，先对转子流量计进行标定，作好流量标定曲线。

（3）用温度计测定水温。

2. 实验操作步骤

（1）开启自来水阀门，保持稳压溢流水槽有一定的溢流量，以保证试验时具有稳定的压头。

（2）用放风阀放去流量计内的空气，再稍微开启转子流量计调节阀，将流量调至最小值，以便观察稳定的层流形型，再精细地调节示踪剂管路阀，使示踪剂的注水流速与实验导管内主体流体的流速相近，一般略低于主体流体的流速为宜。精心调节至能观察到一条平直的细流为止。

（3）缓慢地逐渐增大调节阀的开度，使水通过试验导管的流速平稳地增大，直至试验导管内直线流动的细流开始发生波动。记下水的流量和温度数据，以计算下临界雷诺数。

（4）继续缓慢地增加调节阀开度，使水流量平稳地增加，这时导管内的流体的流形逐步由层流向湍流过渡。当流量增大到某一数值后，示踪剂一进入试验导管，立即被分散成烟雾状，这时表明流体的流形已进入湍流区域。在此过程中，如出现水位变化时应调节进水阀确保水箱内水位稳定，有适当的溢流。

（5）重复步骤（3）、（4），计算临界雷诺数 Re，取平均值。这样实验操作需反复进行数次（至少 5~6 次），以便取得较为准确的实验数据。

（6）关闭进水阀、墨水阀，全开排水阀，将系统内水尽量排尽。

3. 实验操作注意事项

（1）本实验示踪剂采用墨水，它由墨水贮瓶，经连接软管和注射针头，注入试验导管，应注意适当调节注射针头的位置，使针头位于管轴线上为佳。墨水的注射速度应与主体流体流速相近（略低些为宜），因此，随着水流速度增大，需相应地细心调节墨水注射流量，才能得到较好的试验效果。

（2）在实验过程中，应随时注意稳压水槽的溢流水量，随着操作流量的变化，相应调节自来水给水量，防止稳压槽内液面下降或泛滥事故的发生。

（3）在整个实验过程中，切勿碰撞设备。操作时也要轻巧缓慢，以免干扰流体流动过程的稳定性，实验过程有一定滞后现象。因此，调节流量过程切勿操之过急。待状态确实稳定之后，再继续调节或记录数据。

（4）每学期最后一次实验完成后，应将墨水和稳压溢流水槽内水放尽，并将墨水瓶及墨水管路系统冲洗干净，然后再放水到稳压溢流水槽，将系统冲洗，最后排干。重新使用前应清除灰尘、杂物，用干净水冲洗，仔细检查各系统完好情况。

五、实验数据记录与处理

实验数据记录于表 5-3-1 中。

表 5-3-1

实验管道 $d=$ _____ m   管道截面积 $A=$ _____ m²   水温 _____ ℃

序号	流量/(m³/h)	流速/(m/s) $u=q_V/A$	雷诺数 $Re=\rho u d/\mu$	实验现象
1				
2				
3				
4				

六、思考题

(1) 研究流体的流动形态有何意义？

(2) 影响雷诺数准确测定的因素有哪些？

实验四　流体流动阻力的测定实验

一、实验目的

(1) 学习直管摩擦阻力 Δp、直管摩擦系数 λ 的测定方法。

(2) 测定不同直管摩擦系数 λ 与雷诺数 Re 之间的关系。

(3) 测定弯头等局部阻力系数 ζ 与雷诺数 Re 之间的关系。

(4) 掌握坐标系的选用方法和对数坐标系的使用方法。

二、实验原理

（一）流动阻力的测定

流体在管内流动时，由于黏性剪应力和涡流的存在，必然引起能量损耗。这种损耗包括流体流经管道的直管阻力和流经管件阀门等的局部阻力。

1. 直管阻力摩擦系数 λ 的测定

流体在圆形直管内流动的阻力损失 h_f 为：

$$h_f = \frac{\Delta p}{\rho} = \lambda \frac{l}{d} \frac{u^2}{2}$$

$$\lambda = \frac{2\Delta p d}{l\rho u^2} \tag{1}$$

式中　l——直管长度，m；

$\quad\quad d$——管内径，m；

$\quad\quad \Delta p$——流体流经直管的压降，Pa；

$\quad\quad u$——流体平均流速，m/s；

$\quad\quad \rho$——流体密度，kg/m³。

由式(1)可知，欲测定 λ，需知道 l、d，测定 Δp、u、ρ、μ 等。l 与 d 因实验装置而异，由现场实测。l 为两测压点的距离，欲测定 ρ、μ，只需测流体的温度，再查有关手册。欲测定 u，需先测定流量，再由管径计算流速。

2. 局部阻力系数 ζ 的测定

流体流经管（阀）件的阻力损失为：

$$h'_f = \frac{\Delta p}{\rho} = \zeta \frac{u^2}{2}$$

$$\zeta = \Delta p \frac{2}{u^2 \rho} \tag{2}$$

式中　ζ——局部阻力系数；

$\quad\quad \Delta p$——局部阻力压强降。

待测的阀门或弯头,由现场指定。

(二)流量计校正

流量测量中,广泛采用孔板流量计和文丘里流量计。这两种流量计由孔板(或文丘里管)与 U 形管压差计组成。

当流体以一定流速通过孔板(或文丘里管)时,由于流道截面缩小,流速增大,而使孔板前后产生一定的压差。流体的体积流量与压差的关系如下式所示:

$$V = C_0 A \sqrt{2Rg \frac{\rho_0 - \rho}{\rho}} \tag{3}$$

式中　V——流体的体积流量;

　　　A——孔板(或文丘里管缩脉)处的截面积;

　　　C_0——孔流系数;

　　　R—— U 形管压差计读数;

　　　ρ_0——指示液密度;

　　　ρ——流体的密度。

流量系数 C_0 与流量计的结构参数(d_0/D)有关,与流体的流动状况(Re)有关。通过实验确定 C_0 与 Re 的关系曲线,称为流量计校正。本实验是以水为工作流体,测定在一定范围内的 $C_0 \sim Re$ 曲线。

三、实验装置与流程

实验装置流程如图 5-4-1 所示,由管子、管件、闸阀、孔板(或文丘里管)、控制阀、流量计及泵等组成,实际实验装置由多个支路构成,分别用于直管(光滑管和粗糙管)阻力测定、局部阻力测定和流量计的校核。

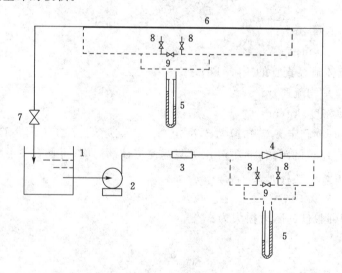

图 5-4-1　流体流动阻力测定实验装置流程图

1——水槽;2——离心泵;3——流量计;4——局部阻力测量元件;5——压差传感器;

6——直管阻力测量元件;7——出口调节阀;8——排气阀;9——平衡阀

四、实验方法与步骤

（1）看懂阻力实验原理图。熟悉现场指定的待测直管和管阀件，开启该支线进口阀，关闭其他支线进口阀。选择进行实验的管路，打开其两端的阀门，同时关闭其余管路两端阀门。

（2）打开各 U 形管压差计上的平衡阀及相应的测压阀。

（3）转动泵轴，看其松紧是否正常。

（4）打开管路末端出口阀，关闭泵出口阀。

（5）开启泵的电源开关，若泵的转动正常，此时就可以送液（注意在泵出口阀关闭的情况下，泵转动不可过久，以防其发热损坏）。

（6）逐渐打开出口阀，至流量达到接近满量程为止，然后关闭管路末端出口阀（开泵出口阀时动作不宜过急，以防 U 形管中的水银冲出）。

（7）如果测压导管内有气泡，由 U 形管压差计上端的放气旋塞排除。

（8）关闭平衡阀，准备测取数据；用管路出口阀调节流量，每次稳定 3 min 左右读取不少于 5 次平均数据，在大流量范围内取 12 组左右数据。注意阀的开度，要合理分割流量，进行实验布点。在达到允许的最大流量后，将调节阀逐渐关小，重复（1）的操作。

（9）改测另一条管路；打开第二条管路两端的阀门及相应的测压阀，关小主管管路两端的阀门。重复以上操作。

（10）关闭泵出口调节阀，停泵。打开管路出口阀排除管路内的积水。打开 U 形管压差计上的平衡阀，关闭测压阀及流量指示仪，做好清洁工作。

五、实验数据记录与处理

1. 设备主要参数

光滑管直径＿＿＿ mm　　粗糙管直径＿＿＿ mm　　　　闸阀内径＿＿＿ mm

弯头直径＿＿＿ mm　　文丘里流量计喉径＿＿＿ mm　　孔板流量计孔径＿＿＿ mm

2. 一次性原始数据

$t_水=$＿＿＿＿＿＿。

3. 原始数据表（表 5-4-1 至表 5-4-6）

表 5-4-1

序号	流量/(m³/h)	流速/(m/s)	光滑管压差/kPa	雷诺数 Re	摩擦阻力系数 $\lambda_光$

表 5-4-2

序号	流量/(m³/h)	流速/(m/s)	粗糙管压差/kPa	雷诺数 Re	摩擦阻力系数 $\lambda_粗$

表 5-4-3

序号	流量/(m³/h)	流速/(m/s)	弯管压差/kPa	雷诺数 Re	摩擦阻力系数 ζ弯

表 5-4-4

序号	流量/(m³/h)	流速/(m/s)	阀门压差/kPa	雷诺数 Re	局部阻力系数 ζ阀

表 5-4-5

序号	流量/(m³/h)	流速/(m/s)	文丘里流量计压差/kPa	雷诺数 Re	局部阻力系数 ζ文

表 5-4-6

序号	流量/(m³/h)	流速/(m/s)	孔板流量计压差/kPa	雷诺数 Re	局部阻力系数 ζ孔

4. 数据处理

（1）根据测量数据，计算 Re、λ、ζ，并在双对数坐标纸上绘出 $Re—\lambda$、$Re—\zeta$ 的曲线图。

（2）根据实测数据计算管件的局部阻力系数的平均值、标准误差。

六、思考题

（1）为了测定摩擦系数和局部阻力系数，需要什么仪器仪表？要测定哪些数据？如何处理数据？简述所用流量计、差压计的原理及优缺点。

（2）为什么要进行排气操作？如何排气？为什么错误的操作会将 U 形管中的水银冲走？

（3）不同管径、不同水温下测定 $Re—\lambda$、$Re—\zeta$ 数据能否关联到一条曲线上？为什么？

（4）以水作工作体系测定的 $Re—\lambda$、$Re—\zeta$ 曲线，能否用来计算空气在管内的流动阻力？

七、实验数据记录及数据处理结果示例（表 5-4-7）

表 5-4-7

实验装置:管长 $L=1.5$ m;粗糙管 1.8 m;温度 15 ℃

实验序号	流量/(m³/h)	光滑管压差/kPa $D=0.025\,98$ m	粗糙管压差/kPa $D=0.027\,50$ m	闸阀(全开)阻力/kPa $D=0.025\,98$ m
1	1.4	0.415 4	0.597 8	
2	1.8	0.648 5	0.912 0	

实验序号	流量/(m³/h)	光滑管压差/kPa $D=0.025\ 98$ m	粗糙管压差/kPa $D=0.027\ 50$ m	闸阀(全开)阻力/kPa $D=0.025\ 98$ m
3	2.2	0.891 7	1.286 9	
4	2.6	1.216 0	1.753 0	
5	3.0	1.530 1	2.310 3	
6	3.4	1.874 6	2.756 2	
7	3.8	2.219 1	3.384 4	
8	4.2	2.685 2	4.235 6	
9	4.6	3.090 6	4.904 4	
10	5.0	3.526 3	5.745 4	

计算结果见表 5-4-8。

表 5-4-8

实验次数	流量/(m³/h)	$Re_{光滑管}$	$\lambda_{光滑管exp}$	$Re_{粗糙管}$	$\lambda_{粗糙管exp}$
1	1.4	1.50×10^4	0.025 9	1.42×10^4	0.049 5
2	1.8	1.93×10^4	0.024 5	1.83×10^4	0.045 7
3	2.2	2.36×10^4	0.022 5	2.23×10^4	0.043 2
4	2.6	2.79×10^4	0.022 0	2.64×10^4	0.042 1
5	3.0	3.22×10^4	0.020 8	3.04×10^4	0.041 7
6	3.4	3.65×10^4	0.019 8	3.45×10^4	0.038 7
7	3.8	4.08×10^4	0.018 8	3.85×10^4	0.038 0
8	4.2	4.50×10^4	0.018 6	4.26×10^4	0.039 0
9	4.6	4.94×10^4	0.017 8	4.67×10^4	0.037 6
10	5.0	5.837×10^4	0.017 2	5.07×10^4	0.037 3

图形(图 5-4-2):

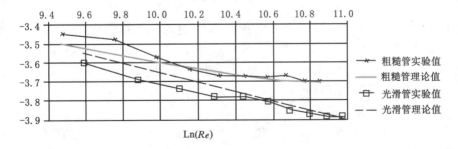

图 5-4-2

实验五　　离心泵特性曲线的测定实验

一、实验目的

（1）了解离心泵的结构和性能，掌握离心泵的工作原理及其操作方法。

（2）掌握离心泵特性曲线的测定方法。

二、实验原理

泵是输送液体的设备，在选用泵时，一般是根据生产要求的扬程和流量，参照泵的性能来决定的。对一定类型的泵来说，泵的性能主要是指一定转速下，泵的流量、扬程（压头）、轴功率和效率等。

离心泵的性能可用特性曲线来表示，即扬程和流量的关系曲线（H—q_V曲线），轴功率和流量的关系曲线（P—q_V曲线），效率和流量的关系曲线（η—q_V曲线）。这一组关系曲线只能由实验测得。

1. 扬程 H 的测定

实验时在泵的进、出口管上装有真空和压强传感器，在这两个测压点间列伯努利方程式可计算离心泵的扬程。其计算式为：

$$H = h_0 + \frac{p_M - p_V}{\rho g} + \frac{u_2^2 - u_1^2}{2g} + \sum H_f \tag{1}$$

式中　h_0——两测压传感器的垂直距离，m；

　　　　p_M，p_V——由压力表和真空表读数，Pa；

　　　　u_1，u_2——进、出口管中流体的流速，m/s。

当泵进、出口管径一样，两截面之间管路很短时阻力损失可忽略，且压力计和真空计安装在同一高度，上式可简化为：

$$H = \frac{p_M - p_V}{\rho g} \tag{2}$$

从式（2）可见，测量出泵进出管路上的压差，就可计算出泵提供给流体的扬程。按照管路特性曲线和泵特性曲线的交点为泵工作点的原理，改变管路阻力可以通过调节阀门开度来实现，使管路特性曲线上的工作点发生移动，再将一系列移动的工作点的轨迹连接起来，就是泵的扬程和流量的关系曲线（H—q_V曲线）。

2. 轴功率 P 的测定

实验中采用扭矩测功仪或马达—天平测功仪测定轴功率。采用扭矩测功仪可直接采集轴功率数据。

马达—天平测功仪测定轴功率 P 计算公式为：

$$P = \frac{2\pi \times 9.81}{60} Gnl = \frac{Gnl}{0.974} \tag{3}$$

式中 G——测功壁水平(针尖对准星)时砝码质量,kg;

  l——测功壁长,m;

  n——电机每分钟转速,r/min;

  P——轴功率,W。

通过调节阀门开度调节流量,由式(3)求取的数据或扭矩测功仪可直接采集轴功率数据,就可得出泵的轴功率和流量的关系曲线($P—q_V$曲线)。

3. 离心泵效率的计算

离心泵的有效功率可用下式计算:

$$P_e = q_V \rho g H \tag{4}$$

离心泵的效率为:

$$\eta = \frac{P_e}{P} \tag{5}$$

通过调节阀门开度调节流量,由式(5)求取的数据就可得出泵的效率和流量曲线($\eta—q_V$曲线)。

4. 转速换算

离心泵的特性曲线都是在一定的转速(n)下测定的,本实验装置所用的电机其转速随流量的变化而改变。当转速变化小于 20%,η 不变,q_V、H、P 服从比例定律:

$$\frac{q_{V1}}{q_{V2}} = \frac{n_1}{n_2} \tag{6}$$

$$\frac{H_1}{H_2} = \left(\frac{n_1}{n_2}\right)^2 \tag{7}$$

$$\frac{P_1}{P_2} = \left(\frac{n_1}{n_2}\right)^3 \tag{8}$$

因此需将实验测定的 q_V、H、P 数据换算成同一转速(2 900 r/min)下的 q_V、H、P 才可用于计算和泵的特性曲线绘制。

三、实验装置与流程

实验装置与流程见图 5-5-1。

四、实验方法与步骤

(1) 开启总电源与各测试仪表的电源,校正仪表,关进水阀,开出口阀,引水灌泵排气。

(2) 关闭泵出口调节阀,开启电源开关,泵运转后可挂砝码盘加砝码。

(3) 将出口调节阀开至最大,在流量范围内合理布置实验点,要求由大到小取 10 组以上数据。

(4) 将流量调节至某一数值,待系统稳定后读取并记录所需实验数据(包括流量为零时的数据)。

(5) 将泵出口调节阀关闭后,断开电源开关,停泵,开启出口阀,开启进水阀。

(6) 关闭各测试仪表,关闭总电源。

五、实验数据记录与处理

(1) 原始数据记录于表 5-5-1。

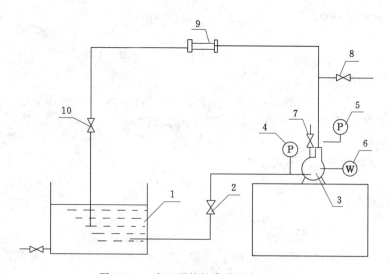

图 5-5-1　离心泵特性曲线测定流程图

1——水槽;2——进水阀;3——离心泵;4——进口真空计;5——出口压力计

6——功率表;7——排气阀;8——灌泵引水阀;9——涡轮流量计;10——出口调节阀

表 5-5-1

进口管径＿＿＿＿＿mm　　　　出口管径＿＿＿＿＿mm　　　　水温＿＿＿＿＿℃

序号	流量 /(m³/h)	转速 /(r/min)	压力表 /kPa	真空表 /kPa	轴功率 /kW	电机功率 /kW
1						
2						
3						
4						

（2）实验数据记录于表 5-5-2。

表 5-5-2

水温＿＿＿＿＿℃　　　　转速＿＿＿＿＿r/min

序号	流量/(m³/h)	扬程 H/m	轴功率 P/kW	效率 η
1				
2				
3				
4				

（3）在直角坐标纸上标绘离心泵在特定转速下的特性曲线。

（4）分析实验数据误差,评价实验结果。

六、思考题

（1）离心泵在启动前为什么要引水灌泵？

（2）为什么离心泵启动时要关闭出口阀？

（3）为什么离心泵的出口阀可用来调节流量？这种方法有什么优缺点？是否还有其他方法调节泵的流量？

（4）正常工作的离心泵,在其进口管上设阀门是否合理？为什么？

实验六　非均相物系分离实验

一、实验目的

（1）了解非均相物系分离的典型设备结构与操作原理。

（2）观察不同粒径的粉尘在各设备中的运动轨迹与分布情况。

（3）比较降尘室、旋风分离器和袋滤器的分离效果与压降。

二、实验原理

对于含尘气体的分离,工业上常采用的方法有沉降法与过滤法,本实验中采用重力沉降器、旋风分离器、袋滤器分离含尘气体。采用的物系是由不同粒度的硅胶颗粒和空气所组成的非均相物系。空气来自送风机,经调节阀和孔板流量计,并经设在管道上的固体颗粒加料器加入适量的固体颗粒后,依次流经重力沉降器、旋风分离器和袋滤器,尾气最后排空。

可从固体颗粒分别在重力沉降器和旋风器的沉降过程中观察到有色硅胶颗粒在各分离器中回转流动的踪迹,进而可演示固体颗粒在不同力场中的沉降特征;观察各分离器的压差计比较各分离方法的阻力损失;考察各分离器分离的固体颗粒的粒度分布,比较各分离方法的分离效果。

三、实验装置与流程

本实验装置主要由重力沉降器、旋风分离器和袋滤器三个分离设备串联组合而成,见图5-6-1。

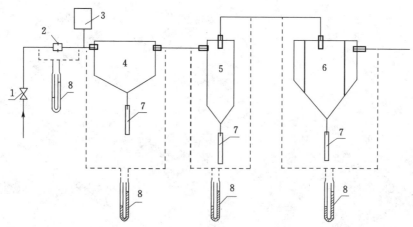

图 5-6-1　非均相分离演示实验装置流程

1——进风调节阀;2——孔板流量计;3——固体颗料加料器;4——重力沉降器;

5——旋风分离器;6——袋滤器;7——固体颗料接收器;8——压差计

每个分离设备前后都设有测压口,测压口与压差计连接,分别测定各设备的流体阻力。各设备尺寸如下:

(1) 重力沉降器。外形尺寸:100 mm×120 mm×80 mm。

(2) 旋风分离器。筒体直径:500 mm,进气管直径:25 mm,出气管直径:25 mm。

(3) 过滤器。外形尺寸:100 mm×100 mm×150 mm,过滤面积 0.08 m²。

(4) 孔板流量计。管径:25 mm,孔径:10 mm。

(5) 粒度范围:粗粒 20～30 网目,细粒＞100 网目。

四、实验操作要点

1. 观察各种分离器的操作状况及分离性能

先启动鼓风机后,缓慢地开启空气调节阀,按流量计显示读数调节到预定的流量,然后开启固体加料器的闸板,以合适的速度向空气中加入固体颗粒。

这时可以直接观察到:

(1) 固体颗粒分别在重力沉降器和旋风器中沉降的过程,以及物系在旋风器中回转流动的踪迹。

(2) 在不同风速下,比较不同分离器下方的接收器中接收到固体颗粒的粒度和数量。

2. 观察各种分离器的压力降

按上述方法调节好空气流量,开关转换阀组中各组旋塞,使压差计依次与各设备的测压口接通,压差计显示出压力降的读数。

(1) 观察记录并比较空载(不加固体颗粒)时各设备的压力降大小。

(2) 观察记录并比较在不同风速下各设备在进行分离操作状态下的压力降大小。

3. 注意事项

(1) 上述演示实验可同时一次进行,也可分别进行。

(2) 演示所用固体颗粒,事先将两种不同粒度的颗粒按比例混合好。为了使演示现象更为形象,还可将两种粒度的颗粒分别染上不同颜色。固体颗粒加入速度以实验现象明显,且能维持较长观察时间为度。固体颗粒加入速度由加料器闸板开启度来控制。

(3) 空气流量的大小以满足旋风分离器所需操作气速(15～20 m/s)为度。

五、实验数据记录与处理

(1) 观察并记录固体颗粒分别在重力沉降器和旋风器中沉降过程的实验现象。

(2) 观察并记录在不同风速下各固体接收器中固体重量,并用激光粒度分析仪测定粒度分布。

(3) 观察记录比较各设备在空载和在不同风速下进行分离操作状态下的压力降大小。

(4) 对实验现象与结果进行分析讨论。

六、思考题

(1) 影响重力沉降效果的因素有哪些? 试设计实验方案,比较不同条件下的分离效果。

(2) 风速对旋风分离器分离效果有何影响?

(3) 影响袋滤器压力降的因素有哪些?

实验七　恒压过滤参数的测定实验

一、实验目的

(1) 在一定真空度下进行恒压过滤,测定其过滤常数 K 和 q_e;

(2) 改变压强测定压缩性指数 s 和物料特性常数 k;

(3) 加深对过滤操作中各影响因素的理解。

二、实验原理

过滤是将悬浮液中的固液两相有效地进行分离的一种常用的单元操作。在外力作用下,悬浮液中的液体通过介质的孔道而固体颗粒被截留下来,从而实现固液分离。因此,过滤在本质上是流体通过颗粒层的流动,所不同的仅仅是固体颗粒层厚度随着时间的延长而增加,因而在过滤压差不变的情况下,单位时间得到的滤液量也在不断下降,即过滤速度不断降低。

单位时间透过单位过滤面积的滤液量称为过滤速率:

$$u = \frac{\mathrm{d}V}{A\mathrm{d}\tau} = \frac{\mathrm{d}q}{\mathrm{d}\tau} \tag{1}$$

式中　A——过滤面积,m^2;

　　　τ——过滤时间,s;

　　　V——透过过滤介质的滤液体积量,m^3;

　　　$\dfrac{\mathrm{d}q}{\mathrm{d}\tau}$——过滤速率,$\mathrm{m/s}$。

影响过滤速率的主要因素有压强差 Δp、滤饼厚度 L、滤饼和悬浮液的性质、悬浮液温度等。

过滤基本方程式的一般形式为:

$$\frac{\mathrm{d}V}{\mathrm{d}\tau} = \frac{A^2 \Delta p^{1-s}}{\nu r' \mu (V + V_e)} \tag{2}$$

式中　r'——单位压强差下滤饼的比阻,$1/\mathrm{m}^2$;

　　　s——滤饼的压缩指数,无因次,一般情况下 $s=0\sim1$,不可压缩的滤饼 $s=0$;

　　　ν——滤饼体积与相应的滤液体积之比,无因次;

　　　V——滤液量,m^3;

　　　V_e——虚拟滤液量,m^3。

恒压过滤时,对上式积分可得:

$$q^2 + 2qq_e = K\tau \tag{3}$$

式中　q——单位滤饼面积的滤液量,$q=V/A$,$\mathrm{m}^3/\mathrm{m}^2$;

　　　τ——过滤时间,s;

q_e——介质常数,反映过滤介质阻力大小;

K——过滤常数,由物料特性及过滤压差所决定的常数。

$$K = 2k\Delta p^{1-s} \tag{4}$$

其中:
$$k = \frac{1}{\mu r'v} \tag{5}$$

K、q_e 都称为过滤常数。但实际上只能在实验测定 K 和 q_e 后,方程式(3)才有实用价值,变换得:

$$\frac{\tau}{q} = \frac{1}{K}q + \frac{2}{K}q_e \tag{6}$$

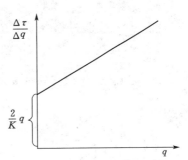

图 5-7-1 $\Delta\tau/\Delta q$ 与 q 的关系

为了便于根据测定的数据计算过滤常数,上式左端,以 $\frac{\Delta\tau}{\Delta q}$ 代之,在过滤面积 A 上对待测的悬浮液料浆进行恒压试验,测出一系列 τ 的累计滤液量 V,并由此计算一系列 q,得到相应的 $\Delta\tau$ 与 Δq 之值,在直角坐标系中标绘 $\frac{\Delta\tau}{\Delta q}$ 与 q 间的函数关系,得一直线(图 5-7-1)。由直线的斜率和截距,可求得 K 和 q_e。

改变实验所用过滤压差 Δp,可测得不同的 K 值,由 K 的定义式(4)两边取对数得:

$$\lg K = (1-s)\lg(\Delta p) + \lg(2k) \tag{7}$$

因 s＝常数,$k = \frac{1}{\mu r'v}$＝常数,故 K 与 Δp 的关系在双对数坐标上标绘是一条直线,斜率为 $(1-s)$,由此可计算出压缩性指数 s,读取 Δp—K 直线上任一点处的 K 值,将 K、Δp 数据一起代入过滤常数定义式计算物料特性常数 k 及比阻。

三、实验装置及流程

实验装置由板框压滤机、滤浆槽、搅拌桨、计量筒、缓冲罐及压缩机等组成,如图 5-7-2 所示。

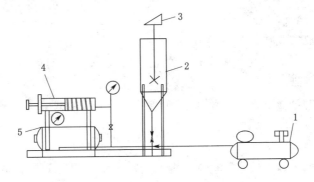

图 5-7-2 过滤常数测定实验装置流程

1——压缩机;2——配浆筒;3——搅拌器;4——板框压滤机;5——储料罐

滤浆在滤浆槽中经搅拌均匀后在一定压力下经过板框压滤机,清液进入计量筒,固相被留在吸滤器滤布上逐渐生成滤饼,用秒表计时,定时读取计量筒的液位,并记录。

四、实验方法与步骤

(1) 熟悉实验装置流程,自拟实验步骤。

(2) 本实验用 $CaCO_3$ 颗粒配制浓度为 $5\%\sim10\%$ 的滤浆,其量占配料槽 $1/3\sim1/2$。为防止沉淀,应启动搅拌桨适速搅拌。

(3) 刚开始实验时,宜先采用小的过滤压差进行实验。

(4) 建议以量筒中开始见到滤液的时刻作为恒压过滤的零时刻,然后用秒表计时,定时读取计量筒的液位值,并记录。

(5) 改变压差重复实验。

注意:保持实验过程中压强差稳定;改用另一压差之前,应先清除滤饼;在不同压差下进行过滤实验,应尽量维持料浆的浓度恒定不变。

五、实验数据记录与处理要求

1. 原始记录(表 5-7-1)

表 5-7-1

过滤面积＿＿＿ m^2　　　水温＿＿＿ ℃

压力差 Δp /kPa						
序号	体积/mL	时间/s	体积/mL	时间/s	体积/mL	时间/s
1						
2						
3						
4						

2. 实验数据处理要求

(1) 由恒压过滤实验数据求 K、q_e 的值;

(2) 比较几种压强差下过滤常数 K、q_e 的值,讨论压差变化对以上数值的影响;

(3) 在对数坐标纸上标绘 K—Δp 曲线求出 s 和 k;

(4) 写出完整的过滤方程式,弄清其各个参数的符号及物理意义。

六、思考题

(1) 当操作压强增加一倍,其 K 值是否也增加一倍? 要得到同样的滤液量,其过滤时间是否缩短了一半?

(2) 过滤速率与过滤速度有何不同?

(3) 黏度太大时欲增加过滤速率,可行的措施有哪些?

实验八 传热膜系数测定实验

一、实验目的

(1) 掌握传热膜系数的测定方法;

(2) 通过实验掌握确定传热膜系数准数关联式中的系数 A 和指数 m、n 的方法。

二、基本原理

(1) 对流传热的核心问题是求算传热膜系数 α,当流体无相变时对流传热准数关联式的一般形式为:

$$Nu = A \cdot Re^m \cdot Pr^n \cdot Gr^p \tag{1}$$

对于强制湍流而言,Gr 准数可以忽略,故:

$$Nu = A \cdot Re^m \cdot Pr^n \tag{2}$$

本实验中,可用图解法和最小二乘法计算上述准数关联式的指数 m、n 和系数 A。

用图解法对多变量方程进行关联时,要对不同变量 Re 和 Pr 分别回归。本实验可简化上式,即取 $n = 0.4$(流体被加热)。这样,上式即变为单变量方程,再两边取对数,即得到直线方程:

$$\lg \frac{Nu}{Pr^{0.4}} = \lg A + m \lg Re \tag{3}$$

在双对数坐标中作图,找出直线斜率,即为方程的指数 m。在直线上任取一点的函数值代入方程中,则可得到系数 A,即:

$$A = \frac{Nu}{Pr^{0.4} Re^m} \tag{4}$$

用图解法,根据实验点确定直线位置有一定的人为性。而用最小二乘法回归,可以得到最佳关联结果。应用微机,对多变量方程进行一次回归,就能同时得到 m、n。

(2) 对于方程的关联,首先要有 Nu、Re、Pr 的数据组。其准数定义式分别为:

$$Re = \frac{lu\rho}{\mu} \tag{5}$$

$$Pr = \frac{c_p \mu}{\lambda} \tag{6}$$

$$Nu = \frac{\alpha l}{\lambda} \tag{7}$$

实验中改变空气的流量以改变 Re 准数的值。根据定性温度(空气进、出口温度的算术平均值)计算对应的 Pr 准数值。同时,由牛顿冷却定律,求出不同流速下的传热膜系数 α 值,进而计算得 Nu 准数值。

牛顿冷却定律:

$$Q = \alpha \cdot S \cdot \Delta t_{\mathrm{m}} \qquad (8)$$

式中　α——传热膜系数，W/（m² · ℃）；

　　　Q——传热速率，W；

　　　S——总传热面积，m²；

　　　Δt_{m}——管壁温度与管内流体温度的对数平均温度差，℃。

传热速率 Q 还可由下式求得：

$$Q = q_V \rho c_p (t_2 - t_1) \qquad (9)$$

式中　c_p——空气比定压热容，J/（kg · ℃）；

　　　t_1，t_2——空气进、出口温度，℃；

　　　ρ——定性温度下空气密度，kg/m³；

　　　q_V——空气体积流量，m³/s。

流量由经标定的流量计测量，温度测量用铂电阻 Pt100 配 WX-8 型的温度数显仪测温。

三、实验装置与流程

本实验装置（图 5-8-1）中空气走内管，蒸汽走环隙（玻璃管）。其管为黄铜管，内径为 0.02 m，管长 1.25 m。空气进、出口温度和管壁温度分别由铂电阻（Pt100）测得，测量空气进、出口温度的铂电阻应置于进、出管的中心，测量管壁温度的铂电阻用导热绝缘胶固定在管外壁两端。本实验蒸汽发生器中安有玻璃液位计，加热功率 1.5 kW，实验风机采用 XGB 型旋涡气泵，最大压力 11.7 kPa，最大流量 75 m³/h。

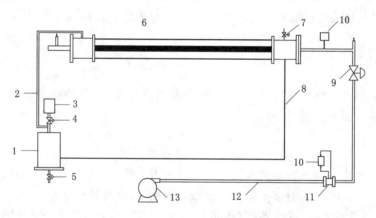

图 5-8-1　传热膜系数测定实验装置流程

1——蒸汽发生器；2——蒸汽管；3——补水口；4——补水阀；5——排水阀；
6——套管换热器；7——放气阀；8——冷凝水回流管；9——空气流量调节阀；
10——压力（压差）传感器；11——孔板流量计；12——空气管；13——风机

四、实验方法与步骤

1. 操作要点

（1）实验开始前，先弄清配电箱上各按钮与设备的对应关系，以便正确开启按钮；

（2）检查蒸汽发生器中水位，使其保持在水罐高度的 1/2～2/3；

（3）打开总电源开关(红色按钮熄,绿色按钮亮,以下同),再打开数显仪开关,看其是否正常;

（4）实验开始时,关闭蒸汽发生器补水阀,启动风机,并接通蒸汽发生器的加热电源,打开放气阀;

（5）将空气流量控制在某一值,待数显仪中各个窗口的数值稳定后,记录温度值和压差计读数,改变空气流量(8～10 次),重复实验,记录数据;

（6）实验结束后,先停蒸汽发生器电源,再停风机,清理现场。

2. 注意事项

（1）实验前,务必使蒸汽发生器液位合适,液位过高,则水会溢入蒸汽套管;过低,则可能烧毁加热器;

（2）调节空气流量时,要做到心中有数,为保证湍流状态,压差计读数不应从 0 开始。实验中要合理取点,以保证数据点均匀;

（3）切记每改变一个流量后,应等到读数稳定后再测取数据;

（4）排除空气等不凝性气体,实验过程应始终微开;

（5）开风机前先开旁路阀至最大,风机不要在出口阀关闭下长时间运行。

五、实验数据记录与处理

（1）将原始实验数据记录于表 5-8-1。

表 5-8-1

数据 序号	内壁温 T_1	外壁温 T_2	空气进温 t_1	空气出温 t_2	U 形管左液位 H_1/mm	U 形管右液位 H_2/mm	空气流量 $q_V/(m^3/s)$
1							
2							
3							
4							

（2）实验结果记录于表 5-8-2。

表 5-8-2

数据 序号	$t_{定性}$	μ	ρ	c_p	λ	Δt_m	Q	α	Nu	u	Re	Pr	$Nu/Pr^{0.4}$
1													
2													
3													
4													

（3）根据计算结果，在双对数坐标纸上作出 Nu 和 Re 之间的关系图，求出 A，并写出对流传热准数关联式。

（4）对实验数据和结果作误差分析。

六、思考题

（1）实验前，蒸汽发生器液位为什么要合适？

（2）为什么开风机前先开旁路阀至最大？

（3）如果采用不同压强的蒸汽进行实验，对 α 的关联有无影响？

（4）本实验可采取哪些措施强化传热？

实验九　总传热系数的测定实验

一、实验目的

(1) 了解列管换热器的基本结构和操作原理；

(2) 掌握列管换热器计算和传热系数的测定方法。

二、实验原理

换热器在化工生产中是常用的换热设备,热流体通过传热壁面将热量传给冷流体,以满足生产的要求,影响传热量的参数有传热面积、平均温度差和总传热系数,其中总传热系数 K 是评价换热器性能的重要指标之一,它对热量传递具有重要影响,在换热器的设计计算中有着十分重要的意义。总传热系数 K 值,一般有三个来源:一是选取经验值,二是实验测定,三是通过公式计算。

根据传热速率方程式:

$$Q = K \cdot A \cdot \Delta t_{\mathrm{m}} \tag{1}$$

本实验是通过现场使用的换热器进行测定。总传热系数 K 由传热基本方程式和热量衡算方程式求取。

$$Q_{\mathrm{h}} = q_{V\mathrm{h}} \rho_{\mathrm{h}} c_{p\mathrm{h}} (T_{\text{进}} - T_{\text{出}}) \tag{2}$$

$$Q_{\mathrm{c}} = q_{V\mathrm{c}} \rho_{\mathrm{c}} c_{p\mathrm{c}} (t_{\text{出}} - t_{\text{进}}) \tag{3}$$

$$Q_{\mathrm{h}} = Q_{\mathrm{c}} + Q_{\text{损}} \tag{4}$$

如果换热器保温良好, $Q_{\text{损}} = 0$,则 $Q_{\mathrm{h}} = Q_{\mathrm{c}} = Q_{\text{传}}$。

由于实验过程中存在着随机误差,则换热器的传热速率为:

$$Q_{\text{传}} = Q = (Q_{\mathrm{h}} + Q_{\mathrm{c}})/2 \tag{5}$$

则

$$K = \frac{Q}{A \Delta t_{\mathrm{m}}} \tag{6}$$

式中　K——传热系数,W/(m² · K);

　　　ρ——流体的密度,m³/kg;

　　　A——换热器的传热面积,m²;

　　　q_V——流体的体积流量,m³/s;

　　　Q——传热量,W;

　　　c_p——流体的比定压热容,J/(kg · K);

　　　下标 h——热流体;

　　　下标 c——冷流体;

　　　Δt_{m}——传热对数平均温度差。

三、实验装置与流程

本实验装置是由被测的列管换热器及空气加热器、风机、转子流量计、温度计及控制阀等组成的一个热交换系统。装置如图 5-9-1 所示。

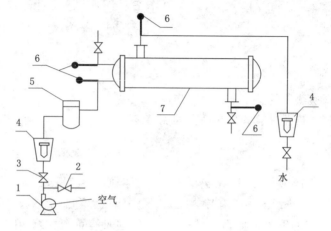

图 5-9-1　传热实验装置流程图

1——风机;2——调节阀;3——出口阀;4——转子流量计;5——空气加热器;6——温度计;7——列管换热器

冷水从自来水管来,经转子流量计后进入列管换热器管间,与热空气换热后,出换热器排入地沟。空气经空气压缩机加压后通过转子流量计计量,再经加热器升温后进入列管换热器管内,与冷水换热后,出换热器进入空气管放空。冷水及热空气在换热器进出口都设有温度计测量温度。

四、实验方法与步骤

(1)熟悉列管式换热器的结构及流程,检查各阀门的开关情况。

(2)打开冷水总阀,调整冷水流量到适当量。

(3)检查加热器的调压器是否在零位。接通空气压缩机电源,调整空气流量到适当值。然后再接通加热器电源,缓缓调整电压升高至 150 V 左右,并控制热空气的温度在 90～100 ℃,不得高于 100 ℃,同时升温不宜过快。

(4)待冷水流量、空气流量及冷水、空气进出口温度稳定时(约需 15 min),记录下流量计及各温度计的读数。

(5)保持空气流量不变,加大冷水流量,待稳定后,记录有关数据。再保持冷水流量不变,加大空气流量,调整电压使热空气温度在 100 ℃左右。待稳定后,记录有关数据。

(6)实验完毕。先将电压调整器缓缓调至零位,关闭加热器电源。待热空气温度降至 50 ℃以下(大约 5 min)后再关闭空气压缩机电源,最后关闭冷水调节阀及总阀。

五、实验数据记录与处理

(1)实验条件及基本数据。

室温_____℃;大气压强_____kPa;换热面积_____m²。

(2)原始数据记录于表 5-9-1。

表 5-9-1

序号 记录	热　流　体			冷　流　体		
	流量/(m³/h)	温　度		流量/(m³/h)	温　度	
		$T_进$	$T_出$		$t_进$	$t_出$
1						
2						
3						
4						

（3）计算结果记录于表 5-9-2。

表 5-9-2

序号 结果	Q_c/W	Q_h/W	Q/W	$\Delta T_m/℃$	$K/[W/(m^2 \cdot ℃)]$
1					
2					
3					
4					

（4）对实验数据和结果作误差分析。

六、思考题

（1）用热流体放热或冷流体吸热的速率来计算传热速率有何区别？对本实验装置,用哪种更准确？为什么？

（2）通过本实验要提高总传热系数 K,你认为有哪些途径？

（3）造成本实验测定误差的因素有哪些？可用什么方法改进而减少误差？

实验十　板式精馏塔的操作与效率的测定实验

一、实验目的

（1）了解板式精馏塔的构成和精馏流程；
（2）熟悉精馏塔的操作方法；
（3）掌握精馏塔的效率测定方法。

二、实验原理

1. 精馏塔的操作原理

精馏塔的操作尤其是在高纯度分离的情况下，并不是很容易的。它的任务是，在足够的塔板数下，通过操作控制完成既定分离要求。但是在操作控制方面有哪些因素影响产品的质量呢？主要有两方面因素：一是物料平衡，二是回流比。连续精馏塔的物料平衡，即

$$F = D + W \tag{1}$$
$$Fx_F = Dx_D + Wx_W \tag{2}$$

式中　F,D,W——分别为加料液、塔顶和塔底产品的流率；
　　　x_F,x_D,x_W——分别为加料液、塔顶和塔底产品的组成。

联立以上两式可得：

$$\frac{D}{F} = \frac{x_F - x_W}{x_D - x_W}; \qquad \frac{W}{F} = 1 - \frac{D}{F} \tag{3}$$

因此，当 x_F 给定时，精馏条件受到上述两式的制约，即若规定了塔顶和塔底的产品浓度（x_D 和 x_W），则不能再规定塔顶或塔底的采出率（D/F 和 W/F），若规定了 x_D 和 D/F，就不能再规定 x_W 和 W/F 了。

在规定的精馏条件下，$Dx_D \leqslant Fx_F$，即 $D/F \leqslant x_F/x_D$，所以当 D/F 过分大时，即使该塔有足够的分离能力，也是不能达到预定的产品浓度 x_D。换句话说，在此情况下，即使进行全回流操作也是无法达到预定塔顶的浓度 x_D。

提高回流比 R，则能够提高塔顶产品浓度。回流比的提高一是靠减小产品量，二是靠增加塔的加热速率和塔顶的冷凝量（增加冷却水量），因而本实验在规定的条件下通过回流比 R、塔底出料量 W、加热量等几个参数的调节控制，寻找能够达到分离要求的较优的操作条件。

2. 全塔效率

$$\eta = \frac{N_T}{N_P} \tag{4}$$

式中，N_T、N_P 分别表示达到同样的分离要求所需的理论塔板数和实际塔板数。理论塔

板可用 $M-T$ 图解法求取。

实际上全塔效率是塔板分离性能的综合变量,它不仅与点效率、板效率等因素有关,而且还与组成的变化有关。即塔板结构、物质性质、操作状况等对塔分离能力均有影响,需由实验测定。

三、实验装置与流程

精馏装置是由精馏塔(由塔釜、塔身和塔顶冷凝器构成)、加料系统、产品贮槽、回流系统以及测量仪表组成的,如图 5-10-1 所示。

塔内径 50 mm,塔板 15 块,板间距 100 mm,开孔率 4%,降液管 $\phi14\times2$。

塔釜内以 2 支 1 kW 的电加热棒进行加热,其中一支是常加热,而另一支通过自耦变压器,可在 0~1 kW 范围内调节。

塔顶为盘管式冷凝器,塔顶蒸汽在盘管上冷凝,凝液流至"分配器"回流,回流比由回流流液的转子流量计数值和产品的转子流量计数值决定。

料液由泵输送,经转子流量计计量后加入塔内。

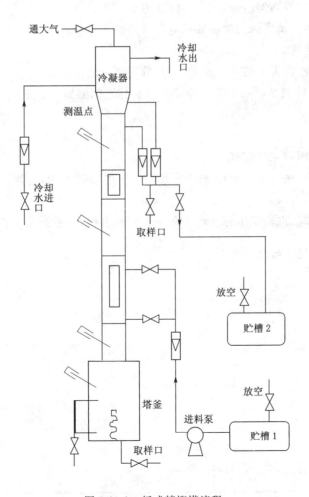

图 5-10-1　板式精馏塔流程

四、实验方法与步骤

1. 全回流

(1) 配制浓度 10％～20％(用酒精比重计测)的料液加入釜中,至釜容积的 2/3 处。

(2) 检查各阀门位置,启动仪表电源,再启动电加热管电源,调节加热电压,给釜液缓缓升温。若发现塔内液沫夹带过量时,可将加热电压适当调低。

(3) 塔釜加热开始后,打开冷凝器的冷却水阀门,使蒸汽全部冷凝,实现全回流。

(4) 当塔顶温度、回流量和塔釜温度稳定约 15～30 min 后,由塔顶取样管和塔底取样口用取样瓶接取适量试样,取样前应先取少量式样冲洗取样瓶两次。取样后用塞子将取样瓶塞严,并使其冷却到室温。塔板上液体取样用注射器从所测定的塔板中缓缓抽出,取 1 mL 左右注入事先洗净烘干的针剂瓶中,各个样品尽可能同时取样。

2. 部分回流

(1) 在储料罐中配制一定浓度的酒精溶液(10％～20％)。

(2) 待塔全回流操作稳定时,打开进料阀,开启进料泵电源,调节进料量至适当的流量。

(3) 启动回流比控制器电源,调节回流比 R。

(4) 当流量、塔顶及塔内温度读数稳定后即可取样分析。

3. 乙醇浓度的测定

(1) 比重法。根据天平测定比重的方法,分别测出塔顶、塔底试样的比重。并由酒精组分—比重对照表查得酒精质量分数。测完的样品分别倒回回收瓶中。

(2) 气相色谱法。

4. 注意事项

(1) 塔顶放空阀一定要打开。

(2) 料液一定要加到设定液位 2/3 处方可打开加热管电源,否则塔釜液位过低会使电加热丝露出、干烧致坏。

(3) 部分回流时,进料泵电源开启前务必先打开进料阀,否则会损害进料泵。

五、实验数据记录与处理

1. 原始数据记录(表 5-10-1)

表 5-10-1

序号	釜压/kPa	温度/℃				流量/(L/h)				回流比	釜电压	组成		
		塔釜	塔顶	灵敏板	料液	进料量	馏出量	回流量	釜液量			馏出液	釜液	原料液
1														
2														
3														
4														

2. 实验与数据处理要求

(1) 在全回流操作下测得 x_D 和 x_W，利用二元相平衡数据，在 $y—x$ 图上求得全塔理论板数 N_T，根据式(4)得出全塔效率；

(2) 在部分回流连续精馏情况下，完成一定量的分离要求(由教师现场提出)，详细记录各操作条件、实验现象与分离效果，并讨论分析实验结果。

六、思考题

(1) 在实验中，影响精馏塔顶产品的浓度和收率的因素是什么？

(2) 在本实验的操作条件下，增加塔板的数量，能否在塔顶得到纯乙醇的产品？为什么？

(3) 在精馏塔操作中，如果回流比达到设计时的最小回流比，是否意味着精馏操作无法进行下去了？

(4) 蒸馏釜上装设的压强表的数值大小说明了什么问题？在操作时将如何运用它？

(5) 如果精馏塔内有空气存在，对分离有什么影响？在实验开车时应采取什么措施？

实验十一　填料精馏传质实验

一、实验目的

（1）熟悉填料塔的结构及精馏流程；

（2）掌握精馏塔内出现的几种操作状态，并分析这些操作状态对塔性能的影响。

（3）测定全回流操作条件下填料塔塔板高度。

二、实验原理

塔设备是使用量大、运用范围广的重要气（汽）液传质设备，评价塔板好坏一般根据处理量、效率、阻力降、弹性和结构等因素。在精馏装置中，塔板或填料是汽、液两相接触的场所。气相从塔底进入，回流从塔顶进入，气、液两相逆流接触，在塔板或填料上进行相际传质，使液相中易挥发组分进入汽相、汽相中难挥发组分转入液相。精馏塔之所以能使液体混合物得到较完全的分离，关键在于回流的运用。从塔顶回流入塔的液体量与塔顶产品量之比称为回流比，它是精馏操作的一个重要控制参数，回流比数值的大小影响着精馏操作的分离效果与能耗。回流比可分为全回流、最小回流比和实际操作时采用的适宜回流比。

全回流是一种极限情况，塔设备不加料也不出产品，塔顶冷凝量全部从塔顶回到塔内。这在生产上没有意义。但是这种操作容易达到稳定，故在装置开工和科学研究中常常采用。

全回流时由于回流比为无穷大，当分离要求相同时比其他回流比所需理论塔板数要少，故称全回流时所需理论塔板数为最少理论塔板数。通常计算最少理论塔板数用芬斯克方程。对于一定的分离要求，减少回流比，所需的理论塔板数增加，当减小到某一回流比时，需要无穷多个理论塔板才能达到分离要求，这一回流比称为最小回流比 R_m。最小回流比是操作的另一极限。

实际操作采用的适宜回流比应为 R_m 的一个倍数，一般这个倍数根据经验取为 1.2～3。当体系的分离要求、进料组成和状态确定后，可以根据平衡线的形状通过作图求出最小回流比。

1. 理论塔板数和等板高度 HETP

塔板数 N_T 可通过乙醇—水的平衡数据，作 $y-x$ 图得出。

等板高度 HETP 可通过公式 $Z=HETP\times N_T$ 计算得出。

2. 操作因素对塔性能的影响

对精馏塔而言，所谓操作因素主要是指如何正确选择回流比、塔内蒸气速度、进料热状况等。

（1）回流比的影响

对于一个给定的塔，回流比的改变将会影响产品的浓度、产量、塔效率和加热蒸气消耗量等。

适宜的回流比 R 应该在小于全回流而大于最小回流比的范围内,通过经济衡算且满足产品质量要求。

(2) 塔内蒸气速度

塔内蒸气速度通常用空塔速度来表示:

$$u = \frac{V_s}{0.25\pi d^2} \tag{1}$$

式中　u——空塔速度,m/s;

　　　V_s——上升的蒸气体积流量,m³/s。

对于精馏段　　　　　　　　　$V = (R+l)D \tag{2}$

$$V_s = \frac{22.4(R+1)D}{3\,600} \frac{p_0 T}{p T_0} \tag{3}$$

对于提馏段　　　　　　$V' = V + (q-1)F \tag{4}$

式中　V'——提馏段上升蒸气量,kmol/s。

$$V_s' = \frac{22.4V'}{3\,600} \frac{p_0 T}{p T_0} \tag{5}$$

可见,即使塔径相同,精馏段和提馏段的蒸气速度也不一定相等。

塔内蒸气速度与精馏塔关系密切。适当地选用较高的蒸气速度,不仅可以提高塔板效率,而且可以增大塔的生产能力。但是,如果速度过大,则会因为产生雾沫夹带及减少了气液两相接触时间而使塔板效率下降,甚至产生液泛而使塔被迫停止运行。因此要根据塔的结构及物料性质,选择适当的蒸气速度。

三、实验装置与流程

实验装置由精馏塔、填料、冷凝器、蒸馏釜、温度计、转子流量计组成,如图 5-11-1 所示。

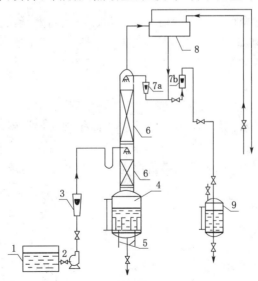

图 5-11-1　填料精馏塔流程

1——料槽;2——加料泵;3——7a、7b 转子流量计;4——蒸馏釜;5——加热器;

6——填料塔主体;8——冷凝器;9——产品罐

主要设备规格如下：

（1）精馏塔：不锈钢筒体，填料塔内径 100 mm,高 1.9 m,采用高效丝网压延板波纹填料。

（2）塔顶、灵敏板和塔釜温度数显。

（3）电加热器。共分 2 组：一组固定功率，一组可调功率加热。筛板塔每组 1 kW;填料塔每组 2 kW。加热时可以开启一组或两组，以调节上升蒸气量。

四、实验方法与步骤

（1）配制约 5%（体积分数）酒精水溶液注入蒸馏釜内至液位计上的标记为止（约塔釜 2/3 处）。供料槽内配置 15%～20%（体积分数）酒精水溶液。

（2）开冷水阀门，向冷凝器供水。

（3）开启电源，调节电压给蒸馏釜加热。

（4）有回流后，先作全回流，控制蒸发量，这时"灵敏板"温度应控制在设定范围内。

（5）操作基本稳定（蒸馏釜蒸气压力及塔顶温度不变）后，开始塔顶、塔釜溶液取样分析，分别通过比重法和阿贝折射仪测定酒精浓度，前后取样 3 组，分析平均值。

（6）启动料泵向精馏塔供料，控制一定流量，进行部分回流操作，操作基本稳定（蒸馏釜蒸气压力及塔顶温度不变）后，开始进样，对塔顶、塔釜溶液取样分析，分别通过比重法和阿贝折射仪测定酒精浓度。

（7）调整回流比，可使产品达到要求浓度。

（8）实验完毕后，即停止供电，运转一个时期后，才停止向冷凝器供水，不得过早停水，避免酒精的损失和着火的危险。

五、实验数据记录与处理

（1）记录部分回流和全回流实验时塔釜、进料板、塔顶温度、釜底压力，取样测定原料样品、塔釜样和产品样的浓度；讨论分析实验结果。

（2）计算理论塔板数和等板高度 HETP。

六、思考题

（1）如何确定精馏塔操作的回流比？如果操作时把回流比调到比计算时的最小回流比还小，则会产生什么样的结果？

（2）精馏体系为乙醇-水时，选用的回流比为 3,如果现在改为苯-甲苯，正庚烷-甲基环己烷体系，回流比还为 3,行不行？为什么？

实验十二　吸收与填料塔吸收水力学实验

一、实验目的

(1) 观察填料塔内气液两相流动情况及液泛现象;

(2) 测定在不同喷淋密度下 Δp—u 的关系曲线;

(3) 掌握总传质系数的测定方法及影响因素分析;

(4) 通过实验了解 Δp—u 曲线和传质系数对工程设计的重要意义。

二、实验原理

1. 填料塔流体力学特性实验

气体通过干填料层时,流体流动引起的压降和湍流流动引起的压降规律相一致。在双对数坐标系中对压降与空塔气速(Δp—u)作图得到一条斜率为 1.8~2 的直线段。而有喷淋量时,在低气速时压降也正比于气速的 1.8~2 次幂,但大于同一气速下干填料的压降。随气速增加,出现转折点——载点,持液量开始增大,压降—气速线向上弯曲,斜率变陡。到第二转折点——液泛点后,在几乎不变的气速下,压降急剧上升。气体变成了分散相,在液体里鼓泡。

测定填料塔的压降和液泛速度,是为了计算填料塔所需的动力消耗,以及确定填料塔适宜制作范围,选择合适的气液负荷。

2. 气相总传质系数测定实验

总体积传质系数 K_{Ya} 是单位填料体积、单位时间吸收的溶质量。它是反映填料吸收塔性能的主要参数,是设计填料高度的重要数据。

(1) 气相总传质系数

本实验是用水逆流吸收空气—氨混合气体中的氨,因实验中所用混合气体中氨的浓度很低,吸收所得的溶液浓度也不高,气液两相的平衡关系近似认为服从亨利定律,故可用对数平均浓度差法进行计算。根据吸收速率方程,填料层高度的计算式为

$$h = \frac{G_B}{K_{Ya}} \cdot \frac{Y_1 - Y_2}{\Delta Y_m} \tag{1}$$

$$K_{Ya} = G_B(Y_1 - Y_2)/(h\Delta Y_m) \tag{2}$$

式中　K_{Ya}——以 ΔY 为推动力的气相总传质系数,kmol/(h·m²);

　　　h——填料层高度,m;

　　　G_B——进塔空气的摩尔流率,kmol/(h·m³);

　　　Y_1,Y_2——进出塔气体浓度,kmol(NH₃)/kmol(空气);

　　　ΔY_m——气相平均推动力。

$$\Delta Y_m = (\Delta Y_1 - \Delta Y_2)/[\ln(\Delta Y_1 - \Delta Y_2)] \tag{3}$$

（2）空气流量计算

实验用的转子流量计刻度是按照空气在规定条件（20 ℃，1 atm）下标定的，因此在实际操作条件下，要根据不同的介质和实验环境对流量计的读数予以校正，换算成标准状态下的体积数。标准状态下空气的流量 V_0 由下式计算：

$$V_0 = (V^* \cdot T_0/p_0)\sqrt{(p_1 \cdot p_2)/(T_1 \cdot T_2)} \qquad (4)$$

式中　V^*——实验时转子流量计的读数，m^3/h；

　　　$T_0，p_0$——标准状态下空气的温度、压强，即 $T_0 = 273$ K，$p_0 = 101.3$ kPa；

　　　$T_1，p_1$——标定状态下空气的温度、压强，即 $T_1 = 293$ K，$p_1 = 101.3$ kPa；

　　　$T_2，p_2$——实验条件下空气的温度（K）、压强（kPa）。

空气的摩尔流量 G_B 为：

$$G_B = V_0/(22.4A) \qquad (5)$$

式中　A——塔的截面积，m^2。

（3）氨气流量的计算

标准状态下氨气的流量 V_{0,NH_3} 可用下式计算：

$$V_{0,NH_3} = (V_{NH_3}^* \cdot T_0/p_0)\sqrt{\left(\frac{\rho}{\rho_{NH_3}}\right)(p_1 \cdot p_2)/(T_1 \cdot T_2)} \qquad (6)$$

式中　$V_{NH_3}^*$——实验时氨转子流量计的读数，m^3/h；

　　　ρ——标准状态下空气的密度，即 $\rho = 1.293$ kg/m^3；

　　　ρ_{NH_3}——标准状态下氨气的密度，即 $\rho_{NH_3} = 0.771$ kg/m^3。

（4）进气浓度计算

$$Y_1 = V_{0,NH_3}/V_0 \qquad (7)$$

（5）尾气浓度计算

在尾气吸收瓶中，加入体积为 V_s mL、摩尔浓度为 C_s（mol/L）的硫酸溶液，滴入 3～4 滴甲基红指示剂，并加入少量的蒸馏水。尾气通过吸收管时，氨被硫酸吸收，空气由湿式气体流量计计量，当吸收刚好达到终点时（指示液由红变黄），被吸收的氨体积数（标准状态下）和湿式流量计测得的空气体积（标准态）之比即为 Y_2。

$$Y_2 = V_{2,NH_3}/V_{02} \qquad (8)$$

$$V_{2,NH_3} = 22.4V_sC_s \times 2$$

$$V_{02} = V_2p_2T_0/p_0T_2$$

式中　V_2——湿式流量计的读数，mL；

　　　$T_2，p_2$——湿式流量计的温度（K）与压力（kPa）。

三、实验装置与流程

流程图如图 5-12-1 所示。空气由风机（图中未画）供给进入空气缓冲罐 13，再由阀 15 调节空气流量，经空气转子流量计 16 计量，并在管路中与氨（经转子流量计 10 计量）混合后进入塔底，混合气在塔中经水吸收后，尾气从塔顶排出。出口处有尾气稳压阀 23，以维持一定的尾气压力（约 100～200 mmH$_2$O）作为尾气通过分析器 27 的推动力。

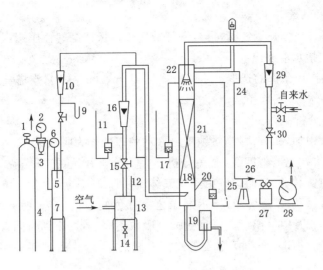

图 5-12-1 填料吸收塔流程

1——氨瓶;2,6——氨压表;3——减压阀;4——氨瓶;5,12——温度计;7——氨气缓冲罐;9——氨压表;
10,16,29——流量计;11——氨压计;13——空气缓冲罐;14——放净阀;15——空气调节阀;
17——塔顶尾气压力计;18——填料支撑板;19——排液管;20——压差计;21——填料塔;
22——喷淋器;23——尾气稳压阀;24——尾气采样管;25——稳压瓶;26——采样考克;
27——吸收分析盒;28——湿式体积流量计;30——放净阀;31——进水调节阀

自来水过滤后,经涡轮流量计计量后,进入塔顶喷淋器喷出,塔底吸收液经排液管流入地沟。排液管 19 可上下移动,使液面控制在管子内部而不上升到塔截面内,保证液封。

氨气由氨瓶 4 供给,缓慢开启氨瓶阀 1,氨气即进入自动减压阀 3,稳压在 0.1 MPa 范围以内。氨压表 2 指示氨瓶内部压力,氨压表 6 指示减压后的压力。

因气体流量与状态有关,所以每个气体流量计前均有表压计和温度计。

为了测量塔内压力和塔压降,装有表压计 17 和压差计 20。另外还需用大气压力计测量大气压强。

尾气分析器由吸收分析盒 27 和湿式体积流量计 28 组成。

四、实验方法与步骤

1. 流体力学性能测定

(1)测定干填料压强降时,塔内填料务必事先吹干,微开空气调节阀,开启气泵,缓慢调节改变空气流量 6 次左右,测定塔压降,得到 Δp—u 关系。

(2)测定湿填料压强降。

① 测定前要进行预液泛,使填料表面充分润湿。

② 实验接近液泛时,进塔气体的增长速度要放慢,否则图中泛点不易找到。密切观察填料表面气液接触状况,并注意填料层压降变化幅度,待各参数稳定后再读数据。液泛后填料层压降在气速几乎不变的情况下明显上升,务必要掌握这个特点。稍稍增大气量,再取一两个点就可以了,并注意不要使气速过分超过泛点,避免冲破和冲跑填料。

(3)注意空气转子流量计的调节阀要缓慢开启和关闭,以免撞碎玻璃管,且开停车之前要微开调节阀。

2. 气相总传质系数测定

（1）关减压阀后缓慢开氨气阀，再缓慢开减压阀。保持氨气稳压罐压力在 0.05 MPa 左右，不得超过，以免指示液冲出。

（2）传质实验操作条件的选取。水喷淋密度 10 m³/(m²·h)，空塔气速 0.5～0.8 m/s，氨气入塔浓度约 3%～5% 为宜。

（3）尾气组成分析。

预先往分析盒中加入 1 mL，当量浓度已知的稀硫酸作为吸收液，加入 2～3 滴甲基红作为指示剂，用蒸馏水补充至刻度线，避免分析误差。分析开始，打开考克 26，被测塔顶尾气通过分析盒后其中氨被吸收，而空气由湿式气体流量计 28 计量。考克 26 开度适中，当吸收液到达终点时（pH 值为 4.2～6.2，指示剂颜色由红色变为黄色）立即关闭考克 26，记下湿式流量计转过的体积及空气温度。开度过大则吸收不完全，过小则时间太长。

（4）实验完毕，关闭氨气时，务必先关氨钢瓶总阀 1，然后才能关闭减压阀 3 及调节阀 3。

（5）停氨后，继续通入空气和水，将塔内残留氨洗净，避免填料表面结垢。

五、实验数据记录与处理

1. 流体力学性能测定记录（表 5-12-1）

表 5-12-1

实验体系：氨气、空气、水；填料种类：陶瓷拉西环；填料层高度：0.7 m；塔内径：0.1 m；
填料规格：12 mm×12 mm×1.3 mm；大气压：＿＿＿＿＿。

| 序号 | 水流量/(L/h) | 空气 | | | | 压力降/mmH₂O | | 塔内现象 |
		流量计示值/(m³/h)	实际流量值/(m³/h)	计前表压/mmH₂O	计前温度/℃	塔顶表压	填料层压差	
1								
2								
3								
4								

注：塔内现象填"塔内积液""液泛"等。

2. 气相总传质系数测定记录(表 5-12-2)

表 5-12-2

大气压强:＿＿＿＿＿＿＿＿＿＿＿＿＿

项　目		1	2	3	4	5
空气流量	流量计前压强/Pa(表压) 空气温度/℃ 流量计读数 空气标定状态温度压力/Pa 按标定状态计的流量/(m³/h) 按标准状态计的流量/(m³/h)					
氨气流量	流量计前表压/mmHg 氨气温度/℃ 流量计读数/(m³/h) 标定状态下空气的温度/℃ 标定状态空气温度压强/Pa 按标定状态计的流量/(m³/h) 按标准状态计的流量/(m³/h)					
水流量	水温度/℃ 流量计读数/(L/h) 实际流量/(L/h)					
尾气浓度	吸收液浓度/N 吸收液量/mL 尾气体积/L 尾气浓度 y_2(摩尔分数)					
塔内压强	塔顶尾气压/Pa 塔压降/Pa 塔内平均压强/Pa					
注						

3. 实验记录及数据处理要求

(1) 将实验现象、实验数据和数据整理结果列在表格中,并以其中一组数据为例写出计算过程。

(2) 在合适的坐标系上标绘压降—空塔气速(Δp—u)关系曲线(对数),并求出载点气速,指出泛点气速。

(3) 计算实验条件下(一定喷淋量,一定空塔气速)的总体积传质系数 K_Ya 值及气相总传质单元高度 H_{OG} 值。

六、思考题

（1）阐述干填料压降线和湿填料压降线的特征。

（2）比较液泛时单位高度填料层压强降和 Eckert 关联图数值是否相符，一般乱堆填料液泛时单位填料层高度的压强降为多少？

（3）试计算实验条件下填料塔的实际液气比 L/V 是最小液气比的多少倍？

（4）填料吸收塔当提高喷淋量时，对 X_2、Y_2 有何影响？

（5）测定干填料压降线时，塔内填料表面吹得不太干，对测定结果有什么影响？

实验十三　振动筛板萃取实验

一、实验目的

(1) 了解振动筛板塔的结构特点和原理;

(2) 观察萃取塔内两相流动现象和液泛;

(3) 掌握液液萃取时传质单元高度和效率的实验测定方法。

二、实验原理

萃取是分离液体混合物的一种常用操作。它的工作原理是在待分离的混合液中加入与之不互溶(或部分互溶)的萃取剂,形成共存的两个液相。利用原溶剂与萃取剂对各组分的溶解度的差别,使原溶液得到分离。

1. 液液传质特点

液液萃取与精馏、吸收均属于相际传质操作,它们之间有不少相似之处,但由于在液液系统中,两相的密度差和界面张力均较小,因而影响传质过程中两相的充分混合。为了促进两相的传质,在液液萃取过程中常常要借用外力将一相强制分散于另一相中(如利用外加脉冲的脉冲塔、利用塔盘旋转的转盘塔等)。然而两相一旦混合,要使它们充分分离也很难,因此萃取塔通常在顶部与底部有扩大的相分离段。

在萃取过程中,两相的混合与分离的好坏,直接影响到萃取设备的效率。影响混合、分离的因素很多,除与液体的物性有关外,还与设备结构、外加能量、两相流体的流量等有关。表示传质好坏的级效率或传质系数的值很难用数学方程直接求得,因此多用实验直接研究萃取塔性能和萃取效率,因而观察操作现象十分重要。

实验时应注意了解以下几点:

① 液滴分散与聚结现象;

② 塔顶、塔底分离段的分离效果;

③ 萃取塔的液泛现象;

④ 外加能量大小(改变振幅、频率)对操作的影响。

2. 液液萃取传质单元高度计算

萃取过程与气液传质过程的机理类似,如求萃取段高度目前均用理论级数、级效率或者传质单元数、传质单元高度法。对于本实验所用的振动筛板塔这种微分接触装置,一般采用传质单元数、传质单元高度法计算。当溶液为稀溶液,且溶剂与稀释剂完全不互溶时,萃取过程与填料吸收过程类似,可以仿照吸收操作处理。萃取塔的有效高度可用下式表示:

$$H = H_{OE} N_{OE} = H_{OR} N_{OR} \tag{1}$$

式中　H——萃取段高度,mm;

H_{OE}, H_{OR}——分别为以连续相与分散相计算总传质单元高度,mm;

N_{OE}，N_{OR}——分别为以连续相和分散相计算的总传质单元数。

$$H_{OE} = \frac{V_E}{K_{Ya}\Omega} \tag{2}$$

$$H_{OR} = \frac{V_R}{K_{Xa}\Omega} \tag{3}$$

$$N_{OR} = \int_{X_2}^{X_1} \frac{\mathrm{d}X}{X - X^*} \tag{4}$$

式中　K_{Ya}——连续相总体积传质系数，kg/(m³ · s)；

　　　K_{Xa}——分散相总体积传质系数，kg/(m³ · s)；

　　　V_E，V_R——分别为连续相和分散相中稀释剂(B)的质量流量，kg/s；

　　　Ω——塔的截面积，m²；

　　　X_1，X_2——分别表示分散相出、进塔时溶质的质量分数。

当溶液浓度很稀时，$X \approx x$，N_{OE}、N_{OR} 可用对数平均推动力法求出。

$$N_{OR} = \frac{X_1 - X_2}{\Delta X_m} = \frac{x_1 - x_2}{\Delta x_m} \tag{5}$$

两液相的平衡关系可用体系的分配曲线求得。

$$y^* = 2.3x \tag{6}$$

物料衡算得 $y_1 = \dfrac{F}{S}(x_1 - x_2) = x_1 - x_2$ (控制 $F = S$，质量比 $1 : 1$) $\tag{7}$

$$y_2 = 0$$

则萃取率

$$\eta = \frac{x_1 - x_2}{x_1} \tag{8}$$

浓度用滴定分析：

$$x = \frac{(N \cdot V)_{NaOH} \cdot M}{V_{样} \rho_{油}} \tag{9}$$

式中　N——NaOH 当量浓度，配 0.01 N 左右；

　　　V——NaOH 耗量，mL；

　　　$V_{样}$——取样 25 mL；

　　　$\rho_{油}$——比重计测算；

　　　M——溶质相对分子质量。

三、实验装置与流程

本实验装置如图 5-13-1 所示，主要设备为往复式振动筛板塔。它是一种外加能量的高效液液萃取设备。本实验所用的往复式振动筛板塔塔身由 25 mm 玻璃管做成，长 1 500 mm。塔上、下两端各有一个 ϕ100 mm 的扩大沉降室，作用是延长每相在沉降室内的停留时间，有利于两相分离。在塔内装有 30 块塔板，板间距为 50 mm，开孔率为 34%～50%。塔板通过电动机和偏心轮可以往复运动。重相经转子流量计进入塔顶，轻相经转子流量计进入塔底。

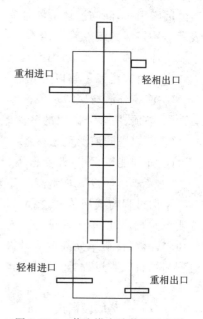

图 5-13-1　萃取塔实验装置示意图

四、实验方法与步骤

1. 观察萃取塔内两相流动现象

(1) 将原料和溶剂分别加入原料槽和溶剂槽,使液面各占槽容量的 2/3。

(2) 打开轻相(油槽)底阀,先排气,待管中满液时再开转子流量计,使塔内油升至塔 1/5。

(3) 将重相(水相)经转子流量计加入,至塔顶油溢出,开启油泵,控制两相流量,调节界面调节阀使相界面稳定。

(4) 调节两相流量,观察不同流比下的两相流动情况。

2. 观察液泛现象

(1) 固定连续相流量,加大分散相流量,观察萃取时的液泛现象。

(2) 固定分散相流量,加大连续相流量,观察萃取时的液泛现象。

改变振动频率或振幅,重复观察液体流动和液泛现象。

3. 测定塔的传质单元高度

(1) 以水为连续相,煤油为分散相进行逆流萃取。

(2) 测定一定振幅(如 5 mm),两种频率下的传质单元高度,取塔顶油相 50~60 mL,用液管移取 25 mL,滴定分析。

4. 实验注意事项

(1) 以水为连续相、煤油为分散相时,相界面在塔顶,调节界面调节阀(出水阀),注意控制界面恒定。

(2) 改变频率时,调节振动频率要慢,以免频率过高损坏设备。长久未运转时应检查偏心转与振动柱是否连接牢固,盘动偏心转再开电源,缓慢调大频率。

(3) 磁力泵切忌空转,请先排气,并注意油槽不能抽干。

五、实验数据记录与处理

(1) 观察记录萃取塔内两相流动现象、液泛现象。

(2) 计算在不同振动频率(可用调速电机的电压表示)的萃取传质单元高度,讨论并分析传质单元高度随振动频率变化的趋势。

六、思考题

(1) 在萃取过程中选择连续相、分散相的原则是什么?

(2) 振动筛板萃取塔有什么特点?

(3) 萃取过程中筛板振动频率对萃取有什么影响?

实验十四　空气循环干燥实验

一、实验目的

(1) 掌握干燥曲线和干燥速率曲线的测定方法。

(2) 学习物料含水量的测定方法。

(3) 加深对物料临界含水量的概念及其影响因素的理解。

(4) 学习恒速干燥阶段物料与空气之间对流传热系数的测定方法。

二、实验原理

当湿物料与干燥介质相接触时,物料表面的水分开始汽化,并向周围介质传递。根据干燥过程中不同期间的特点,干燥过程可分为两个阶段。

第一个阶段为恒速干燥阶段。在过程开始时,由于整个物料的含水量较大,其内部的水分能迅速地达到物料表面。因此,干燥速率为物料表面上水分的汽化速率所控制,故此阶段亦称为表面汽化控制阶段。在此阶段,干燥介质传给物料的热量全部用于水分的汽化,物料表面的温度维持恒定(等于热空气湿球温度),物料表面处的水蒸气分压也维持恒定,故干燥速率恒定不变。

第二个阶段为降速干燥阶段,当物料被干燥达到临界含水量后,便进入降速干燥阶段。此时,物料中所含水分较少,水分自物料内部向表面传递的速率低于物料表面水分的气化速率,干燥速率为水分在物料内部的传递速率所控制。故此阶段亦称为内部迁移控制阶段。随着物料含水量逐渐减少,物料内部水分的迁移速率也逐渐减少,故干燥速率不断下降。

恒速段的干燥速率和临界含水量的影响因素主要有:固体物料的种类和性质;固体物料层的厚度或颗粒大小;空气的温度、湿度和流速;空气与固体物料间的相对运动方式。

恒速段的干燥速率和临界含水量是干燥过程研究和干燥器设计的重要数据。本实验在恒定干燥条件下对纸板物料进行干燥,测定干燥速率曲线,目的是掌握恒速段干燥速率和临界含水量的测定方法及其影响因素。

干燥速率曲线在干燥器的选用、设计和操作中有重要意义。只要有了干燥速率曲线,就可以估算干燥器的生产能力,有针对性地提出强化干燥操作的措施。

1. 干燥速率的测定

$$u = \frac{\mathrm{d}W}{A\,\mathrm{d}\tau} \approx \frac{\Delta W}{A\,\Delta\tau} \tag{1}$$

式中　u——干燥速率,$kg/(m^2 \cdot s)$;

　　　A——干燥面积,m^2(实验室现场提供);

　　　τ——时间间隔,s;

　　　$\Delta W/\Delta\tau$——时间间隔内干燥汽化的水分量,kg/s。

2. 物料干基含水量

$$X = \frac{G' - G'_c}{G'_c} \tag{2}$$

式中　X——物料干基含水量,kg(水)/ kg(绝干物料);

　　　G'——固体湿物料的量,kg;

　　　G'_c——绝干物料量,kg。

三、实验方法与步骤

实验装置为洞道干燥器(图 5-14-1),主要组成部分包括实验台、干燥室、电子天平、干/湿球温度计、电子计时器、热风装置和电源开关等,可用计算机自动采集实验数据。

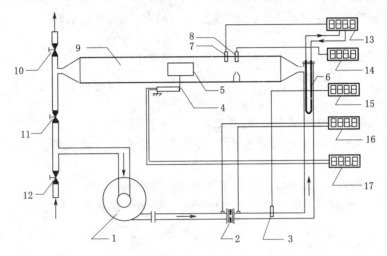

图 5-14-1　洞道干燥实验流程示意图

1——离心风机;2——涡轮流量计;3,15——流量计处温度计显示仪;4,17——重量传感器;

5——干燥物料(纸板);6——电加热器;7——干球温度计;8,14——湿球温度计显示仪;

9——洞道干燥室;10——废气排出阀;11——废气循环阀;12——新鲜空气进气阀;

13——电加热控制仪表;16——流量计压差变送器和显示仪

四、实验操作要点

(1) 将干燥物料(纸板)放水中浸湿,拿出稍候片刻,让水分均匀扩散到整个试样。

(2) 调节送风机吸入口的蝶阀到全开的位置后启动风机。

(3) 用废气排出阀和废气循环阀调节到指定的流量后,开启加热电源。在智能仪表中设定干球温度,仪表自动调节到指定的温度。

(4) 在空气温度、流量稳定的条件下,用重量传感器测定支架的重量并去皮。

(5) 把充分浸湿的干燥物料(纸板)固定在上并与气流平行放置。

(6) 在稳定的条件下,记录干燥时间,以及每隔 1 或 2 min 干燥物料减轻的质量。直至干燥物料的质量不再明显减轻为止。

(7) 改变空气流量或温度,重复上述实验。

(8) 关闭加热电源,待干球温度降至常温后关闭风机电源和总电源。

(9) 实验完毕,一切复原。

注意事项:

(1) 传感器的量程为(0～100 g),精度较高。在放置干燥物料时务必要轻拿轻放,以免损坏仪表。

(2) 干燥器内必须有空气流过才能开启加热,防止干烧损坏加热器,出现事故。

(3) 干燥物料要充分浸湿,但不能有水滴自由滴下,否则将影响实验数据的正确性。

(4) 实验中不要改变智能仪表的设置。

五、实验数据记录与处理

(1) 实验数据由计算机自动采集记录。

(2) 根据实验结果绘制出干燥曲线(X—τ 曲线)和干燥速率曲线(u—X 曲线),并得出恒定干燥速率、临界含水量。

(3) 对实验结果及工程意义进行分析讨论,对实验误差进行讨论并分析原因。

六、思考题

(1) 在很高温度的空气流中干燥,经过相当长的时间,是否能得到绝干物料?

(2) 测定干燥曲线和干燥速率曲线有何意义? 它对设计干燥器及指导生产有哪些帮助?

(3) 影响干燥速率的因素有哪些? 如何提高干燥速率?

(4) 使用废气循环对干燥作业有什么好处? 怎样调节新鲜空气和废气的比例?

参 考 文 献

[1] 柴诚敬,等.化工原理(上、下册)[M].第 3 版.北京:高等教育出版社,2016.

[2] 姚玉英,等.化工原理(上、下册)[M].第 2 版.天津:天津科学技术出版社,2004.

[3] 王志魁,等.化工原理[M].第 5 版.北京:化学工业出版社,2018.

[4] 陈敏恒,等.化工原理(上、下册)[M].第 4 版.北京:化学工业出版社,2015.

[5] 曹贵平,等.化工实验设计与数据处理[M].上海:华东理工大学出版社,2009.

[6] 史贤林,等.化工原理实验[M].第 2 版.上海:华东理工大学出版社,2015.

_____实验报告

姓名_____ 　　学号_____ 　　指导教师_____

同组人_____

实验时间_____ 　实验地点_____ 　实验设备编号_____

一、实验目的

二、实验基本原理

三、实验装置与流程

四、实验内容

五、实验操作步骤记录

六、实验原始数据记录

指导老师审核_____

七、实验数据处理

八、实验结果与分析讨论

_____实验报告

姓名_____ 学号_____ 指导教师_____

同组人_____

实验时间_____ 实验地点_____ 实验设备编号_____

一、实验目的

二、实验基本原理

三、实验装置与流程

四、实验内容

五、实验操作步骤记录

六、实验原始数据记录

七、实验数据处理

八、实验结果与分析讨论

_____实验报告

姓名_____   学号_____   指导教师_____

同组人_____

实验时间_____   实验地点_____   实验设备编号_____

一、实验目的

二、实验基本原理

三、实验装置与流程

四、实验内容

五、实验操作步骤记录

六、实验原始数据记录

七、实验数据处理

八、实验结果与分析讨论

_____实验报告

姓名_____ 学号_____ 指导教师_____

同组人_____

实验时间_____ 实验地点_____ 实验设备编号_____

一、实验目的

二、实验基本原理

三、实验装置与流程

四、实验内容

五、实验操作步骤记录

六、实验原始数据记录

指导老师审核_____

七、实验数据处理

八、实验结果与分析讨论

_____实验报告

姓名_____ 学号_____ 指导教师_____
同组人_____
实验时间_____ 实验地点_____ 实验设备编号_____

一、实验目的

二、实验基本原理

三、实验装置与流程

四、实验内容

五、实验操作步骤记录

六、实验原始数据记录

指导老师审核_____

七、实验数据处理

八、实验结果与分析讨论

＿＿＿＿＿＿＿＿＿＿＿实验报告

姓名＿＿＿＿＿＿＿　　　学号＿＿＿＿＿＿＿　　　指导教师＿＿＿＿＿＿＿＿

同组人＿＿＿＿＿＿＿＿＿＿＿＿＿＿＿＿＿＿＿＿＿＿＿＿＿＿＿＿＿＿＿＿＿

实验时间＿＿＿＿＿＿＿　　实验地点＿＿＿＿＿＿＿　　实验设备编号＿＿＿＿＿＿

一、实验目的

二、实验基本原理

三、实验装置与流程

四、实验内容

五、实验操作步骤记录

六、实验原始数据记录

指导老师审核＿＿＿＿＿＿＿＿

七、实验数据处理

八、实验结果与分析讨论

_____实验报告

姓名_____ 　学号_____ 　指导教师_____

同组人_____

实验时间_____ 　实验地点_____ 　实验设备编号_____

一、实验目的

二、实验基本原理

三、实验装置与流程

四、实验内容

五、实验操作步骤记录

六、实验原始数据记录

指导老师审核_____

七、实验数据处理

八、实验结果与分析讨论

_____实验报告

姓名_____　　学号_____　　指导教师_____

同组人_____

实验时间_____　　实验地点_____　　实验设备编号_____

一、实验目的

二、实验基本原理

三、实验装置与流程

四、实验内容

五、实验操作步骤记录

六、实验原始数据记录

指导老师审核_____

七、实验数据处理

八、实验结果与分析讨论

_____实验报告

姓名_____　　学号_____　　指导教师_____

同组人_____

实验时间_____　　实验地点_____　　实验设备编号_____

一、实验目的

二、实验基本原理

三、实验装置与流程

四、实验内容

五、实验操作步骤记录

六、实验原始数据记录

指导老师审核_____

七、实验数据处理

八、实验结果与分析讨论

_____实验报告

姓名_____　　　　学号_____　　　　指导教师_____
同组人_____
实验时间_____　　实验地点_____　　实验设备编号_____

一、实验目的

二、实验基本原理

三、实验装置与流程

四、实验内容

五、实验操作步骤记录

六、实验原始数据记录

指导老师审核_____

七、实验数据处理

八、实验结果与分析讨论

＿＿＿＿＿＿＿＿＿＿＿＿＿＿＿＿实验报告

姓名＿＿＿＿＿＿＿＿　　学号＿＿＿＿＿＿＿　　指导教师＿＿＿＿＿＿＿＿＿

同组人＿＿＿＿＿＿＿＿＿＿＿＿＿＿＿＿＿＿＿＿＿＿＿＿＿＿＿＿＿＿＿＿＿

实验时间＿＿＿＿＿＿＿　　实验地点＿＿＿＿＿＿＿　　实验设备编号＿＿＿＿＿＿

一、实验目的

二、实验基本原理

三、实验装置与流程

四、实验内容

五、实验操作步骤记录

六、实验原始数据记录

指导老师审核_____

七、实验数据处理

八、实验结果与分析讨论

_____实验报告

姓名_____ 　学号_____ 　指导教师_____

同组人_____

实验时间_____ 　实验地点_____ 　实验设备编号_____

一、实验目的

二、实验基本原理

三、实验装置与流程

四、实验内容

五、实验操作步骤记录

六、实验原始数据记录

七、实验数据处理

八、实验结果与分析讨论

_____实验报告

姓名_____ 学号_____ 指导教师_____

同组人_____

实验时间_____ 实验地点_____ 实验设备编号_____

一、实验目的

二、实验基本原理

三、实验装置与流程

四、实验内容

五、实验操作步骤记录

六、实验原始数据记录

指导老师审核＿＿＿＿＿＿＿＿

七、实验数据处理

八、实验结果与分析讨论

＿＿＿＿＿＿＿＿＿＿＿＿＿实验报告

姓名＿＿＿＿＿＿　　学号＿＿＿＿＿＿　　指导教师＿＿＿＿＿＿＿＿

同组人＿＿＿＿＿＿＿＿＿＿＿＿＿＿＿＿＿＿＿＿＿＿＿＿＿＿＿＿

实验时间＿＿＿＿＿＿　　实验地点＿＿＿＿＿＿　　实验设备编号＿＿＿＿＿＿

一、实验目的

二、实验基本原理

三、实验装置与流程

四、实验内容

五、实验操作步骤记录

六、实验原始数据记录

七、实验数据处理

八、实验结果与分析讨论

_____实验报告

姓名_____　　　学号_____　　　　指导教师_____

同组人_____

实验时间_____　　　实验地点_____　　　实验设备编号_____

一、实验目的

二、实验基本原理

三、实验装置与流程

四、实验内容

五、实验操作步骤记录

六、实验原始数据记录

指导老师审核_____

七、实验数据处理

八、实验结果与分析讨论